도시의 틈, 공간의 회복
– 조성욱건축 아카이브

The Gaps of the City, the Restoration of Space
– JOHSUNGWOOK ARCHITECTS Archive

조성욱건축사사무소는 자연과 도시, 그리고 그 사이 인간의 행태를 사회적, 건축적 관점에서 바라보고 분석한다. 우리는 이를 건축물로 재구성하고, 사람을 위한 공간으로 재창출한다. 서울과 같은 현대 도시의 복잡한 환경 속에서 다양한 분야와의 소통과 협업을 통해 문제를 풀어가고, 궁극적으로 건축이 도시와 사람에게 긍정적 영향을 주는 것을 목표로 삼는다. "건물이 우리에게 말을 걸어주길 바란다"는 존 러스킨의 철학처럼, 우리는 건축이 기능과 미적 요소를 넘어 사람에게 감동과 의미를 전달해야 한다고 믿는다. 건축은 시대 정신과 인문의 가치를 반영하며, 도시 속에서 인간과 자연의 공존을 이루는 중요한 매개체이어야 한다. 조성욱건축사사무소는 사람에 대한 깊은 이해를 바탕으로 우리가 살고, 일하며, 교감하는 공간을 만들고, 이를 통해 삶의 실질적인 변화를 만들어가고 있다.

JOHSUNGWOOK ARCHITECTS observes and analyzes the natural and urban environments, as well as the human behaviors between them, from both sociological and architectural perspectives. Through this, we reconfigure these elements into architectural forms, creating spaces that reflect humanity. In Seoul, embodying the complexity of modern cities, we address the challenges of architectural design through meticulous communication and collaboration across various fields, with the goal of ensuring that the resulting buildings have a positive impact on both the city and its people. Inspired by John Ruskin's architectural philosophy, "I want the building to tell us something meaningful," we believe that architecture should go beyond mere functionality and aesthetics to convey emotion and meaning. Architecture must reflect the spirit of its time and the values of its people, while serving as a vital mediator for the coexistence of humans and nature within the urban fabric. At JOHSUNGWOOK ARCHITECTS, we create architecture that brings tangible changes to people's lives by designing spaces where people can live, work, and interact, all based on a deep understanding of human needs.

CONTENTS

4	**PREFACE**	
6	**INTRO**	
15	**ESSAY**	
	땅의 회복을 위한 강남 건축의 진화	
	조성욱	The Evolution of Gangnam Architecture to Restoring the Land
		Joh Sungwook
29	**RESEARCH**	
	논고개가 강남의 슈퍼블록이 되기까지	
	조성욱건축사사무소	From Nongogae to Become a Superblock in Gangnam
		JOHSUNGWOOK ARCHITECTS
53	**CRITIQUE**	
	도시의 일상 회복을 향한 노력 – 경계의 건축	
	임형남	Commitment to the Recovery of Urban Daily Life — Architecture of Boundaries
		Lim Hyoungnam

PROJECT

- 71　N1021
- 89　N781
- 103　N78
- 117　N122
- 131　N3315
- 147　N910
- 161　N2203
- 175　N8311
- 195　N266
- 211　Y725
- 227　S5215
- 243　S3293

258　**PROJECT LIST**

Understanding the City,
an Effort for Balance Between
Sensibility and Theory

Since designing my home in Pangyo, Gyeonggi-do, 15 years ago, I gradually got commissions for designing of individual houses. As a result, I have designed quite a few homes. By delving into the lives of the homeowners, I have been able to conduct various studies and experiments on the internal and external spaces of the houses. Then, one day, I received a request for the design of a commercial facility for the first time. Perhaps after seeing our previous works, the client wanted a building that embodied the delicate sensibility of a home.

It was another challenge for us. So, we designed and completed our first neighbourhood living facility in Nonhyeon-dong, Gangnam. Thanks to a good contractor, the construction was completed smoothly, and shortly after, both leasing and sales were successfully concluded, making the client very satisfied. We even received an architectural award for the building. The real estate market was doing well at the time, and word about us quickly spread among the landlords of old houses needing renovation. From then on, JOHSUNGWOOK ARCHITECTS began designing various neighbourhood commercial and office facilities across Seoul, mainly in Nonhyeon-dong.

We have entrusted the documentation of our projects set within the urban landscape of Nonhyeon-dong to the renowned Korean architectural photographer Kim Yongkwan. The beautiful photographs have remained valuable achievements for us as designers. Then, one day, photographer Kim made an unexpected comment while shooting. As he continued photographing the series of our works built in the Nonhyeon-dong area, he noticed a consistency in the form and composition of our architecture and suggested that we compile our unique methodologies and achievements into a book. While capturing buildings through photography is essential, he believed that developing those photographs into a book would have even greater significance. Suddenly, I recalled a question one of my team members had asked me: "What is the identity of JOHSUNGWOOK ARCHITECTS?"

Fifteen years after opening the office, I feel I am at a turning point as an architect. It seems that we have established our own process and language for Gangnam, Seoul, and the architectural types of office neighbourhood living facilities. I wanted to organise our thoughts, intentions, and the background behind this. I researched the history and structure of the urban environment that Gangnam possesses and reflected on our own design approach in response to it.

This book is an effort to deepen our understanding of the areas and cities we deal with as architects, and to create a balance between architectural sensibility and theory. It is also a process of discovering and developing the uniqueness of JOHSUNGWOOK ARCHITECTS. The insights and organisation derived from this book will undoubtedly influence our future works. As our architecture evolves and changes, we will look back once again. Perhaps we can answer that question regarding our identity through this reflection and questioning.

December 2024   Joh Sungwook

도시에 대한 이해,
감각과 이론의 균형을 위한 노력

15년 전 경기도 판교에 자택을 설계한 이후 사무소에 단독주택 설계 의뢰가 하나둘 들어오기 시작했다. 그렇게 꽤 여러 채의 주택을 설계했다. 건축가로서 건축주의 삶을 들여다보고, 주택 내외부 공간에 대한 다양한 연구와 실험을 거듭할 수 있었다. 그러던 어느 날 처음으로 업무시설 설계를 의뢰받았다. 건축주는 우리의 앞선 작업을 보고 와서 그런지 주택의 섬세한 감성이 담긴 건물을 원했다.

또 다른 건축에 대한 도전이었다. 그렇게 우리는 강남구 논현동에 첫 근린생활시설을 설계해 준공했다. 좋은 시공사와 작업한 덕분에 공사는 잘 마무리되었고, 뒤이어 임대와 매매까지 순조롭게 성사되어 건축주도 매우 좋아했다. 이후 건축상까지 받았다. 당시는 부동산 경기가 좋던 때라 새로운 변화가 필요한 오래된 주택의 건물주들에게 우리 소문이 빠르게 퍼졌다. 이후로 조성욱건축은 논현동을 기반으로 서울 전역에 다양한 근린생활시설과 업무시설을 설계하게 되었다.

우리는 논현동의 도시 풍경 속에 자리 잡은 작업들을 국내 유명 건축 사진작가인 김용관에게 맡겨 기록해 왔고, 그의 사진들은 설계자인 우리에게 값진 성과로 남았다. 그러던 어느 날 촬영을 하던 김용관 작가가 뜻밖의 말을 꺼냈다. 논현동 일대에 지어진 작업들을 사진으로 계속 담다 보니 건축의 조형과 구성에 우리만의 일관성이 보인다는 것이었다. 그러면서 고유한 설계 방법론과 성과를 책으로 엮으면 어떻겠느냐고 제안했다. 깊이 고민해 보니 건축물을 사진으로 기록하는 것에서 한 걸음 더 나아가 책으로 엮어내면 더 큰 의미를 가질 수 있겠다고 생각했다. 그때 문득 사무소의 팀원 한 명이 내게 던진 질문이 떠올랐다. "조성욱건축의 정체성은 무엇인가요?"

사무소를 개소한 지 15년, 돌아보니 어느 순간 건축가로서 변곡점을 지나고 있는 느낌이다. 서울 강남을 바라보는 조성욱건축만의 관점과 업무용 근린생활시설이란 건축적 유형에 대한 설계 방식이 이제 하나의 체계적인 프로세스와 언어로 정립된 듯하다. 그것이 무엇일지 우리의 생각과 의도, 그리고 그 배경을 정리해 보고 싶었다. 이에 강남 지역이 갖는 도시 환경에 대한 역사와 구조를 리서치하고, 이에 대응하는 우리만의 설계 방식을 되돌아보았다.

이 책은 건축가로서 우리가 다루는 지역과 도시에 대한 이해를 더 깊게 하고, 건축적 감각과 이론의 균형을 만들려는 노력의 결과물이다. 또한 조성욱건축의 고유성을 알아가고 만들어가는 건축의 한 과정이기도 하다. 책을 통해 깨닫고 정리한 내용은 앞으로의 작업에 분명 영향을 미칠 것이다. 그리고 우리의 건축이 더욱 발전하고 변화하게 될 때 다시 한번 이 시점을 돌아볼 것이다. 이러한 복기와 질문을 통해 조성욱건축의 정체성이라는 질문에 대한 답을 찾아갈 것이다.

2024년 12월   조성욱

Land Recovery Ratio

The area encompassing Nonhyeon-dong and Yeoksam-dong in Gangnam has developed a distinctive urban characteristic as a grid-patterned residential zone, mainly due to the Land Compartmentalization and Rearrangement Projects initiated in 1968. However, since 2000, this predominantly residential area, primarily designated as Class-I and Class-II general residential zones, has experienced rapid small-scale development and commercialisation at the site level. Within this context, most architectural activities have focused on maximising the built volume to overcome the limitations of narrow plots, resulting in rather hasty structures that prioritise high floor area ratios. Consequently, architectural efforts often centre around the creation of surface images for façades.

In this environment, JOHSUNGWOOK ARCHITECTS has chosen to focus less on the surface image of buildings and more on varying the hierarchy and coordinates on each floor, thereby optimising the configuration and combination of internal and external spaces for users. This approach has naturally involved manipulating massing to shape the overall form and volume of the building. It is a response to the unique site conditions of Nonhyeon-dong, the absence of legal height restrictions for buildings, and the high demand for creative workspaces from small and medium-sized enterprises in the region.

Despite the small floor plans, the three-dimensional sectional compositions of JOHSUNGWOOK ARCHITECTS' neighbourhood living facilities are characterised by well-utilised external spaces on each level. This book examines these characteristics through the lens of a concept we term "Land Recovery Ratio." The Land Recovery Ratio not only refers to the proportion and relationship of internal and external spaces but also encapsulates our perspective on how small and medium-sized architecture should engage with urban contexts in densely developed areas like Gangnam, where land prices are exorbitantly high. However, it should be noted that the Land Recovery Ratio (LRR) is not an absolute indicator of good architecture that applies to all contexts. Instead, it represents a portion of JOHSUNGWOOK ARCHITECTS' vision for contemporary urban environments.

Land Recovery Ratio	This metric defines the ratio of the area of land lost due to architectural activities in the city. that is recovered through external spaces on different levels above and below the structure. It serves to urbanistically define the personalised external spaces created under conditions of high-density development, as seen in Gangnam. LRR = (Area of Created External Spaces Above and Below ÷ Ground Floor Area) × 100

대지회복률

강남의 논현동과 역삼동 일대는 1968년 시행된 토지구획정리사업을 통해 격자형 도로망을 갖춘 주거지역으로 조성되었다. 하지만 주로 1·2종 일반주거지역으로 지정된 이 일대는 2000년 이후 개별 필지 단위의 소규모 개발과 상업화로 급속하게 풍경이 바뀌고 있다. 고유의 물리적 조건과 도시적 현상 속에서 대부분의 건축 행위는 좁은 대지의 한계를 극복하고 숨은 면적을 최대한 찾아내 용적률 채우기에 급급한 건축물을 만들어 냈다. 이런 상황에서 건축적 시도란 파사드의 이미지를 만들어 내는 것으로 집중되었다.

이곳에서 조성욱건축사사무소는 건물의 표면에 천착해 이미지를 만들기보다 층마다 위계와 좌표를 달리하며 사용자에게 최적화된 내외부 공간을 만드는 데 집중했다. 이 과정에서 자연스럽게 매스를 밀고 당기면서 건물 전체의 조형과 볼륨을 만들어갔다. 이는 논현동의 독특한 지형과 대지 조건, 건축물의 높이 제한이 없는 법적 환경, 그리고 창의성을 자극하는 업무공간을 찾는 중소기업의 수요가 버무려진 결과이기도 하다.

제한된 공간에서도 단면을 입체적으로 구성하여 층마다 사용감이 좋은 외부공간을 배치하는 조성욱건축의 근린생활시설 특징을 이 책에서는 '대지회복률'(LRR, Land Recovery Ratio)이라는 관점과 개념으로 바라보았다. 대지회복률은 건물 내외부 공간의 비율과 관계성을 말하기도 하지만, 강남처럼 땅값이 비싼 도시화 지역에서 중소규모 건축이 도시와 어떻게 관계를 맺어야 하는지에 대한 우리만의 사고이기도 하다. 그렇다고 대지회복률이 언제, 어디서든 좋은 건축의 절대적 지표가 되는 것은 아닐 것이다. 이는 동시대 우리의 도시를 향한 조성욱건축의 시야 중 일부이다.

대지회복률   도심에서 건축 행위로 인해 사라진 대지 면적을 상하부의 다른 층 외부 공간에서 얼마나 회복하고 있는지에 대한 비율. 강남과 같은 고밀도 개발의 여건 속에서 창출되는 개인화된 외부 공간을 도시적으로 정의.
LRR = (상하부 외부 공간 창출 면적 ÷ 1층 바닥면적) × 100

©Kim Yongkwan

ESSAY

땅의 회복을 위한
강남 건축의 진화

글　조성욱　조성욱건축사사무소 대표

[1]

[2]

건축가는 어떤 사람인가

건축대학에 들어가 건축이란 무엇인지, 건축가는 어떤 일을 하는지를 배울 때 나를 괴롭히던 생각이 있었다. 2학년 설계 과제로 교내의 작은 공터에 명상을 위한 종교건축을 설계해야 했을 때다. 여러 강의동 사이에 끼인 좁은 공간에 어떤 건물을 설계할지, 그 형태와 동선을 고민하다가 문득 '이 좋은 땅은 그냥 두고 잔디를 심지, 왜 건물을 짓나'라는 건축의 근본을 흔드는 생각이 머릿속을 헤집고 다녔다. 건축이 무엇인지, 설계는 어떻게 하는 것인지 안개 속을 혼자 걷다가 '왜 건물을 지어야 하는지'라는 철학적 고민에 빠진 것이다. 하지만 졸업장은 받아야 하니 떠오르는 고민을 잠시 억누른 채 주변과 잘 어우러질 만한 작은 교회를 설계했다. 빈 땅을 그대로 두지 못하고 건축물을 설계해야 했던 그날은 마음에 찜찜하게 남았다.

건축은 우리 환경에 좋은 일인가? 도시에서 건축이라는 행위는 필수 불가결한 일인가? 건물이 아닌 자연을 그대로 둘 수는 없는 것인가? 이런 고민이 건축가에게 필요한 것일까? 건축가는 건물을 지으려는 의뢰인에게 필요한 사람이고, 의뢰인의 땅에 필요한 건물을 설계해 주는 사람이다. 다시 말해, 변호사는 소송 의뢰인이 있고, 의사는 환자가 있듯 건축가는 건축 의뢰인이 있기에 존재 가치를 지닌 사람이다. 건축가는 어떤 건축을 할지 고민하지, 건축의 필요 여부를 고민하는 것이 아니라는 생각이 들었다. 도시는 특정 목적과 방향으로 계속 진화하고 개발된다. 사람들이 모여 거주하고, 대를 이어 살아가면서 더 나은 환경을 만들기 위해 노력한다. 이런 도시의 개발과 발전에서 건축은 근본이 된다. 누군가는 만들어야 하는 집, 건물, 동네, 도시라면 잘 만들 필요가 있다. 그것이 건축가가 할 일이다. 자연의 단순한 보전보다 건조 환경 혹은 도시를 더 좋은 방향으로 이끌기 위한 사람이다. 건축가로 자리 잡아 가면서 대학 시절의 고민은 자연스럽게 누그러지기 시작했다.

도시는 자라나는 생명체

사람이 태어나서 언젠가는 세상을 떠나듯, 건축물도 나이를 먹고 언젠가는 사라질 날이 온다. 가족들과 함께 아담한 마당 있는 집을 짓고 살다가 세월이 흘러 아이들이 자라 독립하고 가족 구성원이 바뀌면 집의 기능도 처음 상태와 달라진다. 또 외부 요인으로는 매년 바뀌는 건축법에 따라 건축물의 용도나 규모 등이 달라진다. 오래된 집들은 쓸모를

[1] 1975년 촬영된 논현동과 강남대로(현 신사역사거리) 일대의 모습. 오른쪽 상단에 1971년 준공된 영동공무원 아파트가 보인다. (출처: 『서울시정사진총서 7』, 2016)
[2] 2024년 같은 자리에서 바라본 논현동과 강남대로 일대의 풍경.

[3]

다해 하나 둘 헐리거나 새로 고쳐져 주거시설에서 업무시설이나 상업시설로 바뀐다. 주변에 새 건물이 높게 올라가는데, 자기 집만 홀로 남아있기는 쉽지 않다. 추억이 아무리 강한들 부모님의 나이 듦을 막을 수 없고, 허술해지는 설비들을 고칠 수 없다. 이때 건물을 새로 지어 돈을 많이 벌었다는 이야기가 주변에서 들려온다. 논밭이었던 땅이 집터가 되고, 집이 하나둘 모여 동네를 이룬다. 인구가 늘고 도시가 커지면서 주거지역도 밀도가 높아지고, 각종 부대시설과 업무, 상업시설들이 따라 생긴다. 도시는 동물이나 식물처럼 나고 자라고 없어지고 다시 태어나는 생명체와 같은 리듬으로 성장한다. 도로와 건물이 생겼다가 쓸모를 다하면 사라지고, 다시 지어지면서 도시의 얼굴은 매일 조금씩 바뀐다.

강남 건물들의 진화

1970년대 서울 강북 도심부의 인구 집중을 억제하기 위해 시행된 인구 분산 정책으로 지금의 강남 지역이 발전한다. 강북에 집중되어 있던 학교, 학원, 공공시설들이 강남으로 하나씩 이전하였고, 공무원 아파트, 단독주택을 비롯하여 대형 업무 및 상업시설도 따라서 들어섰다. 강북 지역의 개발을 제한하는 한편 강남 지역에 각종 세제 혜택 등이 쏟아지니 강남의 도시개발은 빠르게 진행되었다. 서울이 그렇게 강남으로 확장되면서 논현동, 청담동 일대가 개발되기 시작했다. 1980~1990년대에 들어서는 점차 고급 단독주택들과 대기업 건설사의 브랜드 아파트, 주상복합시설 등 다양한 주거형식이 나타났다.

다시 시간이 흘러 주변의 건물들은 어느새 고층화 되었고, 논현동 일대 노후화된 단독주택들은 조용하고 안락했던 집으로서의 기능을 상실했다. 경제 규모가 커지고 강남의 부동산 거래가 활발해지면서 기업이나 단체가 아닌 축적된 부를 쌓은 개인이 부동산 개발 사업에 뛰어들기 시작했다. 투자를 목적으로 오래된 집을 매입하고 그 자리에 근린생활시설과 업무시설을 지었다. 조용하고 안락했던 일반주거지역의 단독주택은 최대 용적률이 적용되는 근린생활시설로 탈바꿈하기 시작했다.

브랜드 아파트를 넘어선 국내 건축가의 등장

1980년대 이전에는 집을 짓기 위해 건축가에게 설계를 의뢰하는 일이 흔치 않았다. 건축가가 설계한 집을 짓는 일은 시공의 난도가 높아 비용이 많이 들었다. 그래서 유명 연예인이나 정치인들만 누릴 수 있는 일로 여겨졌다. 건축가의 설계 없이 건설업자가 지어서 파는 소위 집 장사의 집이나, 대기업 건설사들이 시행하는 아파트를 분양받는 게 일반적이었다. 양적으로 주거시설이 부족했던, 주거의 질보다 '당장 추위와 더위를 피하고 비만 안 새면 좋은 집'이던 시대의 이야기다. 양적 공급을 늘리기 위해 만들어진 주거 공간은 유사한 실내 구조를 가질 수밖에 없었고, 그나마 실내를 꾸미는 것만이 개성을 살리는 방법이었다. 아파트는 가장 빠르게 재산을 증식할 수 있는 수단으로 활용되며 국민 투자 상품이 되었다. 사는 집의 공간이나 형태보다 아파트의 브랜드가 더 중요했다.

[4]

주거공간의 질에 관심이 커지면서 획일적인 아파트보다 나와 가족 취향에 맞는 공간을 찾는 사람들이 생겨났다. 그들이 건축가에게 주택 설계를 의뢰하기 시작했다. 건축가를 만나는 일이 예전처럼 어려운 일이 아니었고, 선택할 수 있는 건축가의 폭도 넓었다. 주택에서 공사비 대비 설계비가 저평가되던 시기도 있었다. 이제는 좋은 설계가 좋은 집을 만들고 그것이 좋은 삶으로 이어진다는 사실을 보편적으로 알고 있다. 지금은 누구나 자신의 예산과 규모에 맞춰, 취향에 맞는 건축가를 선택해 자신의 집을 설계하고 완성되는 과정을 경험할 수 있다.

근무환경의 변화

한국의 IT기술과 문화는 지난 20~30년간 빠르게 성장하며 큰 변화를 이끌어냈다. 젊은 세대가 주도하는 이 현상은 세계적인 변화의 흐름과 맞물려 더욱 가속화되고 있는 추세다. 20세기까지 국내 주요 산업이 제조와 유통이었다면, 21세기는 문화와 디자인이다. 특히 패션, 음악, 영화와 음식, 게임 등의 분야에서 젊은 세대가 중심이 되는 기업들이 생겨났다. 이들은 딱딱하고 폐쇄적인 근무환경 대신 열린 회의실과 휴식할 수 있는 장소가 곳곳에 있는 다양한 형태의 업무공간을 원한다. 기존의 획일적인 건물보다 창의적이고 소통할 수 있는

[3] 논현동에서 노후된 단독주택들이 점차 자취를 감추고, N3315과 같은 근린생활시설들이 그 자리를 채우기 시작했다. 도시도 식물처럼 나고 자라고 없어지고 다시 태어나는 생명체와 같은 리듬으로 성장한다.

[4] 논현동의 젊은 건축주들은 차별화된 건물 외관을 통해 회사의 브랜드와 이미지 드러내길 원한다. N910도 이런 배경 속에서 입면의 건축적 정체성을 형성하고 있다.

[5]

[6]

새로운 공간을 원한다. 이 때문에 일과 휴식 공간의 분리보다는
적절하게 혼합된 형태의 근무환경이 각광받는다. 자연스럽게
창의적인 근무환경이 인재 영입에 도움을 주고, 이들의
아이디어가 모여 좋은 성과를 만들어 낸다. 사람의 행태와
감성을 고려한 공간은 일과 삶의 균형을 제공한다.

업무의 질보다는 양이 중요하던 시절은 단순하게 크고 넓은 사무실이 좋은 곳이었다. 대기업 신입사원으로 입사해 임원이 되는 것이 출세였다. 개인의 능력보다는 회사와 사회라는 수직의 관계구조에서 적당히 나를 감추고 사는 것이 미덕이었다. 지금은 인터넷과 다양한 IT기술, 매체를 통해 개인의 능력을 키우고 알리는 것이 쉬워졌다. 학력과 관계없이 자신의 적성 분야에서 노력만 하면 성공할 수 있는 시대가 되었다. 건축주들의 연령대가 점점 낮아졌고, 이들이 젊은 건축가를 찾는 일이 잦아졌다. 젊은 회사 대표들은 소통이 원활한 건축가를 찾고, 이전과는 다르게 자신들이 원하는 형태의 건물을 요청한다. 화장품 회사는 자사 제품 이미지와 어울리는 건물을 짓고, 게임 회사는 온라인 게임의 분위기가 드러나는 공간을 만든다. 이들은 회사의 브랜드와 이미지 제고를 위해 건물 외관 디자인도 차별화되길 원한다. 건물 외관만 봐도 누구나 'OOO 게임회사', 'OOO IT회사' 라고 알아볼 수 있기를 바란다.

자연과 건축

나는 10년 전 성남시 판교에 가족과 함께 살 집을 설계하고 1년에 걸쳐
지었다. 잉여 공간이 없도록 알차게 구성하고, 작은 앞마당과 옥상이
내부와 어우러지도록 섬세하게 설계했다. 그 덕분인지 이후 판교신도시에
여러 채의 주택 설계를 의뢰받았다. 소위 으리으리한 집보다는 주어진
대지와 예산 내에서 효율적인 공간 사용과 내외부 공간의 관계에 대한
깊은 고민을 요구하는 주택 작업들이었다. 돌이켜보면, 어릴 적 블록
쌓기 놀이의 기억과 노르웨이에 살 때 쌓인 눈으로 집을 만들었던
기억이 나의 건축과 닿아있는지도 모르겠다. 나의 첫 집을 설계하면서
고민했던 부분이 이후 다른 여러 작업을 통해 발전되었다.

[5] 서패동 단독주택을 설계할 때 건물을 길에서
등지게 배치하고 외벽에 창문을 두지 않았다. 대신
중정을 중심으로 설계하여 마당과 실내에서 산과 밭의
전망을 즐길 수 있도록 하였다.

[6] 강원도 양양의 고래바위집은 대지 내 자연
바위를 활용하여 자쿠지를 만들고, 거실과 외부
공간을 유기적으로 연결한 시도였다.

[7]

강원도 양양의 바닷가에 있는 주택에서는 대지 안에 있던 바위를 활용해 자쿠지를 만들었다. 거실의 유리창이 내외부 공간을 이었다. 보통 남향에 있을 거실이 자쿠지 옆인 북쪽에 위치했고, 실내에 충분히 자연 채광을 들이게 하려고 거실부터 옥상까지 열린 높은 공간을 만들었다.

파주시 서패동 주택은 산 아래 펼쳐진 배밭을 바라보는 곳에 자리했다. 주변 도로에서 들여다보이는 시선을 차단하기 위해 건물을 길에서 등지게 배치하고 외벽에 창문을 두지 않았다. 대신 대문을 들어서면 마당과 내부에서 산과 밭이 보이도록 중정을 설계하였다. 같은 면적이더라도 내외부의 관계를 잘 구성하면 그 공간은 더 넓고 확장되어 보인다. 나의 첫 집을 설계한 이후 나의 건축 방법론은 여러 설계작업을 거쳐 더욱 발전하고 진화했다.

좋은 건축이란

어린 시절 자연을 벗 삼아 놀던 기억 때문인지, 대학 시절의 고민 때문인지, 늘 건축의 내부공간을 외부와 연결했다. 대지에 있던 본래의 자연과 빈 공간을 건물 어딘가에 담으려고 여전히 애쓴다. 주거 공간뿐만 아니라 내가 설계하는 모든 건물, 특히 이번 책에 소개된 도심 근린생활시설 건축은 한정된 내부공간이 외부와 최대한 많이 접할 수 있는 아이디어들이 만들어 낸 결과들이다.

그동안 설계한 건축물을 다시 돌아보니, 사라진 대지를 어떻게 되살릴 수 있는지에 대한 고민의 시간이었다. 이 책에서는 그것을 '대지회복률'이라는 개념으로 정립해 분석해 보았다. 그동안 설계했던 여러 건물에 적용해 보니 대지회복률의 높고 낮음이 매우 다양하다. 그 회복률 숫자가 높다고 꼭 좋은 건축이라고 볼 수는 없다. 작은 공간이더라도 건물 안에 자연을 어떻게 담을지 고민하기 때문이다. 건축은 주어진 조건과 한계를 해결해 나간다. 문제가 다르면 답도 다른 것처럼 프로젝트마다 다른 해법으로 설계를 풀어간다. 좋은 건축은 좋은 답을 찾아 만든 결과물이다. 자연을 많이 담을수록 좋은 건축이다. '땅을 비우지 못하면, 어떻게 잘 지을 것인가'에 대한 답이 조금 보이는 것 같다.

[7] 사람처럼 건축물도 나이를 먹고 언젠가는 사라질 날이 온다. 논현동 N781를 비롯해 이 책에 실린 작업들은 도시의 이런 변화 속에서 자연과 사라진 대지를 어떻게 다시 회복할 수 있을지 고민한 결과들이다.

THE EVOLUTION OF GANGNAM ARCHITECTURE TO RESTORING THE LAND

Joh Sungwook
Principal,
JOHSUNGWOOK ARCHITECTS

WHAT IS AN ARCHITECT LIKE?

When I went to architecture school and learnt about what architecture is and what architects do, there was a thought that bothered me. For my second-year design project, I had to plan a religious building for meditation in a small vacant lot on campus. As I was thinking about what kind of building to design in a narrow space sandwiched between several lecture halls, its form and traffic, a thought that shook the very foundations of architecture, "Why do we build a building when one can just leave this good land alone and just plant grass?", crossed my head. Wandering alone in the fog of what architecture is and how to design, I got stuck in the philosophical question, "Why do we build?" But I had to get my diploma, so I put my thoughts aside and designed a small church that would blend in with its surroundings. The thought of having to design a building instead of leaving the land empty lingered in the back of my mind.

Is architecture good for our environment? Is the act of building indispensable in a city? Can't we just let nature be nature and not build buildings? Are these concerns necessary for architects? An architect is the person you need to make a building and design the structure you need for your land. In other words, just as a client needs a lawyer for a case and a patient needs a doctor, a client for a building needs an architect. I realized that architects contemplate what kind of architecture to create, not whether architecture is necessary. Cities continue to evolve and develop with a specific purpose and direction. People gather in cities, live in them, and work to improve them for generations to come. Architecture is fundamental to the development and progress of these cities. If someone needs to build a house, building, neighbourhood, or city, it must be built well. That is what architects do. An architect is someone who aims to make a built environment or city better than the simple preservation of nature. As I became more established as an architect, my university angst faded.

A CITY IS A GROWING ORGANISM

Just as people are born and eventually pass away, buildings age and eventually disappear. One builds a house with a small yard and lives in it with one's family, but as the years go by, the children grow up and move out, and the family changes, the functionality of the house changes from its original state. As for external factors, building codes change every year, affecting the use and size of buildings. Old houses are being torn down or refurbished as they outlive their usefulness and are being converted from residential to office or commercial space. It is difficult to be the only house in the neighbourhood when new buildings are going up everywhere. No matter how strong your memories are, you cannot stop your parents from getting older, and you can't fix their deteriorating equipment. And you hear stories of people around you making a lot of money by building new buildings. The land that used to be a rice field becomes a house site, and the houses form a neighbourhood. As the population grows and cities become more extensive, residential areas become denser, with amenities, businesses, and commercial establishments. Cities grow in the same rhythm as living things, like animals and plants, which are born, grow, die, and are reborn. The face of the city changes a little every day as roads and buildings are built, then removed when they become obsolete and rebuilt again.

THE EVOLUTION OF BUILDINGS IN GANGNAM

The current Gangnam area was formed and developed in the 1970s as a population dispersal policy to curb the population concentration in Seoul's Gangbuk urban centre. Schools, academies, and public facilities concentrated in Gangbuk were relocated to Gangnam one by one, and extensive business and commercial facilities, including government employee apartments and detached houses, were also built in the Gangnam area. While restricting development in the Gangbuk area, the government poured various tax incentives into the Gangnam area, which led to rapid urban growth. As Seoul expanded into Gangnam, the areas of Nonhyeon-dong and Cheongdam-dong began to develop. Various housing types gradually emerged in the 1980s and 1990s, including high-end detached houses, branded apartments from major construction companies, and residential complexes.

As time passed, the surrounding buildings became high-rises, and the ageing houses in Nonhyeon-dong lost their function as quiet and comfortable homes. As the economy grew and real estate transactions in Gangnam became more active, individuals with accumulated wealth entered the real estate development business rather than companies or organisations. They bought an old house as an investment and built a neighbourhood living and working facility on the site. Detached houses in quiet, comfortable residential neighbourhoods are gradually transforming into neighbourhood facilities with maximum floor area ratios.

THE RISE OF DOMESTIC ARCHITECTS BEYOND BRANDED APARTMENTS

Before the 1980s, it was not familiar to commission a design from an architect to build a house. Building an architect-designed house was once reserved for celebrities and politicians because of the difficulty and expense of construction. It was common to find house builders' houses, which were built and sold without an architect's design, and apartments built by large construction companies. It was a story of a time when housing was scarce in quantity, and "a good house to avoid the cold and heat and not leak rain immediately" was more important than housing quality. Residential spaces created to increase quantitative supply were forced to have similar interior structures, and the only way to personalize them was to decorate them. Apartments have become the fastest way to multiply wealth and national investment products. The apartment brand was more important than the space or shape of the house. As housing quality has become increasingly important, people seek more personalised spaces for themselves and their families than cookie-cutter apartments. They started asking architects to design their homes. Finding an architect was more accessible than it used to be, and there was a more comprehensive range of architects to choose from. There was a period when design fees for houses were undervalued compared to construction costs. It is now universally recognised that good design makes for a good house, leading to a good life. Today, anyone can design their own house, choose an architect that suits their budget, scale, and taste, and experience seeing it through to completion.

CHANGES IN THE WORKPLACE

South Korea's IT technology and culture have grown rapidly over the past 20–30 years, leading to significant changes. This phenomenon, led by the younger generation, is accelerating in line with global trends of change. If the 20th century was dominated by manufacturing and distribution, the 21st century is all about culture and design. Younger generations have taken centre stage, especially in the fields of fashion, music, film, food, and game. They are moving away from the rigid, closed-off workplaces of the past and want a more diverse workplace with open meeting rooms and relaxing places. They want new spaces that allow them to be creative and interactive, rather than the monolithic buildings of the past. Unlike in the past, the work environment is now created with an appropriate mix of work and rest areas rather than separation. A creative workplace helps you attract talent, and their ideas drive great results. Spaces that take human behaviour and emotions into account provide work-life balance.

When the quantity of work was more important than quality, a big, spacious office was simply the way to go. At that time, the way to get ahead was to join a conglomerate as a new hire and become an executive. It was a virtue to hide oneself moderately in the company's and society's vertical relationship structure rather than individual ability. Nowadays, the internet, various technologies, and media have made it easy for individuals to develop and promote their skills and characteristics. It is a time when one can succeed in their field of aptitude regardless of their educational background. Building owners are getting younger and younger and looking for younger architects. Younger company representatives are looking for architects who communicate well and are requesting the type of building they want like never before. Cosmetics companies create buildings that match the image of their products, while game companies create spaces that reflect the atmosphere of their online games. They want the building's exterior design to be distinctive to enhance the company's brand and image. They want everyone to be able to recognise their company just by looking at the exterior of the building.

[1] A view of Nonhyeon-dong and Gangnam-daero (currently Sinsa Station intersection) taken in 1975. In the upper right corner, there is the Yeongdong Gongmuwon Apartments, completed in 1971.

[2] The view of Nonhyeon-dong and the Gangnam-daero area in 2024 from the same spot.

[3] In Nonhyeon-dong, aging single-family houses gradually began to disappear, and neighborhood living facilities like N3315 started to fill their places. Cities grow in the same rhythm as living things, like animals and plants, which are born, grow, die, and are reborn.

[4] Younger company representatives in Nonhyeon-dong want the building's exterior design to be distinctive to enhance the company's brand and image.

NATURE AND ARCHITECTURE

Over a decade ago, I designed and built a house for my family in Pangyo, Seongnam-si. The interior was carefully designed to leave no space left, and the small front yard and rooftop blended in with the interior. I have since been commissioned to design several houses in the Pangyo New Town. Rather than a luxurious house, these residential projects required a deep consideration of the relationship between interior and exterior space and the efficient use of space within a given site and budget. In retrospect, my love of architecture can be traced to childhood memories of playing with blocks and building houses out of snow when I lived in Norway. What I was thinking about while designing my first house has since evolved into many other projects.

In a seaside house in Yangyang, Gangwon-do, I built a jacuzzi using rocks already on the grounds. The glass windows in the living room connected the interior and exterior spaces. The normally south-facing living room was placed on the north side, next to the jacuzzi, and plenty of natural light was brought into the room, creating an elevated space that opened up from the living room to the roof. A house in Paju-si overlooked the pear fields below the mountain. To block the gazes from the surrounding roads, the building was placed without windows facing the street, and the courtyard was designed so that the mountains and fields could be seen from the courtyard and inside. Even if it is the same area, a well-crafted interior/exterior relationship will make the space feel larger and more expansive. Since designing my first house, my architectural methodology has developed and evolved throughout several designs.

WHAT IS GOOD ARCHITECTURE

Whether it is because of my childhood memories of playing in nature or my worries at university, I have always connected the interior space of architecture with the exterior. I still try to incorporate the site's original nature and empty space somewhere in the building. All the buildings I design, not just residential spaces but especially the urban architecture for neighbourhood living facilities presented in this book, result from ideas about how to make the most of limited interior space to engage with the outside world.

Looking back at the buildings I have designed, it was a time to think about how to revive the land that had been lost. In this book, I analyse it in terms of the concept of "land recovery rate". I have applied site recovery rates to several of my designed buildings, and they vary widely, both high and low. A high recovery rate does not necessarily mean good architecture. It is about how to bring nature into a building, even if it is a small space. Architecture works with the conditions and limitations it is given. Different problems require different answers, and different projects require different solutions. Good architecture is the result of finding good answers. And the more nature in architecture, the better. I think I see a bit of an answer to the question: "If you cannot clear the land, how are you going to build well."

ESSAY

[5] A house in Paju-si overlooked the pear fields below the mountain. To block the gazes from the surrounding roads, the building was placed without windows facing the street, and the courtyard was designed so that the mountains and fields could be seen from the courtyard and inside.

[6] In a seaside house in Yangyang, Gangwon-do, I built a jacuzzi using rocks already on the grounds. The glass windows in the living room connected the interior and exterior spaces.

[7] Just as people are born and eventually pass away, buildings age and eventually disappear. Looking back at the buildings I have designed, it was a time to think about how to revive the land that had been lost. In this book, I analyse it in terms of the concept of "land recovery rate".

RESEARCH

논고개가 강남의 슈퍼블록이 되기까지
논현동의 도시적 상황과 건축의 변화

리서치·글   조성욱건축사사무소

[8]

[9]

논현동 개요

위치　서울특별시 강남구 2개 동
면적　2.72km² (강남구 전체면적의 6.9%)
인구　39,672명 (강남구 전체인구의 8.1%)
인구밀도　14,585명/km² (강남구 평균 12,408명/km²)
행정구역　논현1동, 논현2동

논현동은 서울시 동남생활권에 속하는 강남구의 법정동이다. 강남구 내 다른 법정동인 신사동, 청담동, 역삼동, 압구정동, 삼성동 등이 대단지 아파트와 고층 업무시설이 즐비한 것에 반해 논현동은 대로 주변을 제외하고 주거, 상업, 업무시설이 혼재된 저층 소규모시설 밀집지역이다. 강남구의 일반적인 이미지에서 다소 비켜나 있는 셈이다. 1972년 강남 최초로 아파트가 들어선 곳이지만, 현재는 강남구의 법정동 가운데 아파트 호수가 가장 적다. 지하철 7호선이 지나고 있어 교통이 편리하고 직주근접하기 좋기로 유명해 2000년대 초반부터 서울에서 청년 및 장년층 1인 가구가 많이 사는 지역 중 하나로 손꼽히고 있다.

논현동은 강남 개발의 상징과도 같은 슈퍼블록으로 구성되었는데, 크게 도산대로, 강남대로, 봉은사로, 논현로, 언주로가 교차하며 6개의 블록으로 나뉜다. 특히 논현1동에는 블록 하나의 규모가 800×900m인 강남구에서 가장 큰 격자형 슈퍼블럭이 위치한다.

논현동은 행정구역상 논현1, 2동으로 나뉜다. 논현1동은 면적상 논현동의 46.1%를 차지하고 있으나 거주인구는 50.7%로, 논현2동에 비해 인구밀도가 높다. 가구특화거리인 학동로는 동서를 가로지르며 2개의 블록을 만든다. 블록 북쪽에는 논현동의 유일한 근린공원인 학동공원과 10층 이상의 규모를 가진 아파트 단지가 두 군데 있고, 대부분 저층의 주거, 상업, 업무시설이 혼재되어 있다. 블록 남쪽은 강남대로와 봉은사로 주변부의 고층 상업시설에 둘러싸여 있다. 블록 내부는 아파트 없이 대부분 다가구, 다세대 주택이기에 주변 풍경과 극명한 차이를 보인다고 할 수 있다.

논현2동은 학동로와 언주로가 교차하며 지나 4개의 블록으로 나뉘지만, 지형적 특징은 동서로 나눌 수 있다. 서쪽은 논현1동의 북쪽 블록처럼 내부에 저층형 주거, 상업, 업무시설이 혼재되어 있으며, 건설회관과 서울본부세관이 자리 잡고 있다. 동쪽 블록은 고급 연립주택과 다세대주택, 그리고 아파트의 비율이 높은데, 논현동 대부분의 아파트가 해당 블록에 있다.

[8]　1973년 3월 촬영한 논현1동 항공사진. 사진 왼쪽으로 현 신사역사거리가 보이고, 그 아래 강남구 최초의 아파트인 영동공무원아파트가 있다. (출처: 국토정보플랫폼)

[9]　1974년 3월 촬영한 논현1동 항공사진. 사진 왼쪽 중앙이 현 논현역 사거리로, 격자형 슈퍼블록 안쪽으로는 여전히 과거의 토지윤곽과 지형의 형태가 유지되고 있다. (출처: 국토정보플랫폼)

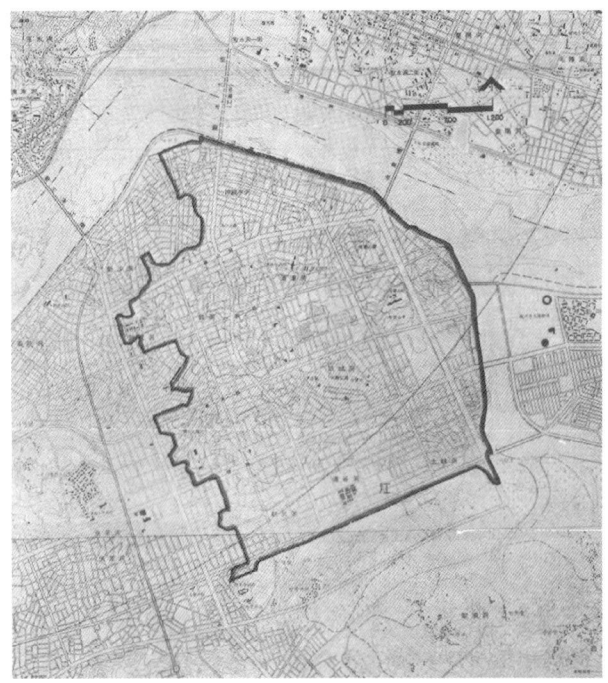

[10]

[11]

논현동의 형성과 발전 과정

1960년대 이전의 논현동   1960년대 중반까지 한강을 건널 수 있는 다리는 한강대교(구 한강인도교)와 광진교밖에 없었다. 강남 지역은 서울시민에게 채소, 과일, 곡식을 공급하는 곳으로 재배를 위한 논과 밭, 과수원이 있는 조용한 농촌이었다. 논현동 지명은 현재 천주교 논현동성당 위치한 '논고개'에서 유래한다. 강남우체국(구 영동우체국) 위에서 반포아파트까지의 산골짜기 좌우로 벌판이 펼쳐져 논밭이 연결되었기 때문에 논밭의 '논'자와 고개의 글자를 본떠 '논고개'라 하였다.

강남구의 탄생   1963년 서울의 행정구역이 2배 이상 확대되었고, 당시 강남구가 성동구에 편입된다. 1975년이 되어서야 서울시 행정구역에 강남구가 다시 등장하게 되는데, 현재의 서초, 강남, 송파, 강동 등 4개 구를 모두 합친 대규모 자치구로, 당시 면적은 서울시 전체의 23%에 달했다. 이후 1979년에 강동구가 분리되고, 1988년에는 서초구가 분리된다.

영동2지구 토지구획정리사업   '영동'은 영등포의 동쪽이라는 의미로 현재의 강남구와 서초구 일대를 부르던 명칭이었다. 1971년부터 영동2지구(현 논현동, 신사동, 압구정동, 청담동, 역삼동, 삼성동, 대치동) 토지구획정리사업이 시작되었다. 면적은 13.15km²로 광대한 규모였다. 토지구획정리사업은 미개발 지역의 토지를 구획하고 정리해 도로와 공원, 학교용지 등 공공시설에 사용되는 토지를 제외한 나머지 토지를 기존의 소유주에게 돌려주는 도시개발사업이다. 그렇기 때문에 대로변을 제외한 블록 내부의 토지 윤곽과 패턴은 과거 지형과 형태를 유지할 수 있었다.

영동공무원아파트   영동 개발 초기, 강남 이주를 위한 촉진책으로 지어진 강남구 최초의 아파트다. 논현동 22번지에 대지면적 23,738m², 5층짜리 12개 동 규모의 360세대가 건설되었다. 1971년 12월에 준공되어 서울시청, 서울시교육청, 서울지방경찰청 직원 중 무주택자 희망자에게 분양하였다. 영동공무원아파트를 시작으로 영동차관아파트, 영동아파트, 영동시영아파트 등이 들어서며 논현동은 1970년대 상반기까지 영동지구 개발의 주요 거점이었다. 이후 영동공무원아파트는 1994년 6월, 기존 5층에서 13층 규모로 8개 동의 재건축 승인을 받아, 1997년 논현 신동아아파트로 완공되었다. 이는 강남구 최초의 재건축 승인이었다.

[10]   1971년 영동2지구 토지구획정리사업도. 현 논현동, 신사동, 압구정동, 청담동, 역삼동, 삼성동, 대치동 등을 포함하는 13.15㎢ 규모의 방대한 계획이었다. (출처: 『서울 토지구획사업연혁지』, 1984)

[11]   영동 개발 초기, 강남 이주를 위한 촉진책으로 지어진 강남구 최초의 아파트인 영동공무원아파트. 360세대 규모로 1971년 준공되었다. (출처: 국가기록원)

[12]

영동지구 시영단독주택 영동2지구 토지구획정리사업에 아파트지구 지정이 반영되며, 청담, 도곡, 압구정, 반포 일대에 대규모 아파트가 들어서기 시작한다. 이와 더불어 1972년부터 단독주택도 속속 들어서기 시작했다. 효율적인 개발을 추진하기 위해 거점개발계획을 수립하였고, 이에 따라 논현동, 학동(현 논현2동), 청담동, 삼성동에 아파트를 분산하여 건립 후 일반 분양하였다. 영동지구 시영단독주택단지 계획도에는 신시가지에 들어설 단독주택 단지를 중심으로 정부기구, 학교, 공원, 시장 등의 부지가 표시되어 있다. 호당 대지면적은 165~231㎡로, 총 1,396호(시영주택 250호, 공영주택 225호, 금융주택 921호)가 계획되었다. 건설 위치는 공사하기 쉽고 땅값이 저렴한 동시에 주거지로 가치가 있는 블록 중심부에 자리 잡았다. 서울시는 이들 단지를 중심으로 시내버스 노선을 배치하였고, 그 결과 더 많은 민간주택이 건립되어 점차 시가지의 모습을 갖추게 되었다.

[13]

[14]

논현동의 도시 공간 구조 특징 영동개발의 흔적은 2024년 현재에도 논현동의 도시 구조에서 찾아볼 수 있다. 대표적인 예가 폭 50m의 강남대로와 도산대로, 40m의 봉은사로 등과 같은 넓은 간선도로 중심의 격자형 도로체계다. 이와는 대조적으로 내부 블록은 도로용지 확보 부족, 지형 문제로 비정형의 6~8m의 소로가 주를 이룬다. 가로 위계에 현격한 차이가 나는 것을 확인할 수 있다. 영동개발은 당시 서울의 부도심 개발 유형 중 주거 중심이었기 때문에 상업지역이 상당히 비중이 작았다. 현재도 논현동 일대는 대부분이 1·2종 일반주거지역이다. 또한 고속도로 개통에 따른 용지 확보가 주된 목적으로, 토지구획정리사업에서

[12] 1972년부터 3차에 걸쳐 착공한 영동지구 단독주택은 당시 주택건립비 21억 원, 부대시설비 11억 원 등의 예산이 투입되었다. 영동지구 개발을 효율적으로 추진하기 위한 거점개발계획에 따라 논현동, 청담동 등에 2백만 평에 달하는 10개 단지를 분산, 건립했다. (출처: 『서울시정사진총서 5』, 2015)

[13] 1972년 영동지구 시영단독주택단지 계획도 (출처: 『서울시정사진총서 5』, 2015)

[14] 영동지구 시영단독주택 테라스하우스의 투시도 (출처: 『서울시정사진총서 5』, 2015)

도로 용지 확보 비율이 매우 높았다. 상대적으로 학교와 공원용지는 최소 기준만 확보해 현재까지도 낮은 녹지율을 보인다. 이 때문에 논현동에는 학동공원이 유일한 근린공원이며, 초등학교 2개소, 중학교 1개소가 있다. 영동개발에서는 대지의 최소면적을 약 165.3㎡ 이상으로 규정하였다. 당시 약 99.2㎡ 이하의 대지가 많던 시절, 일반주거지역 약 165.3㎡, 전용주거지역 약 234.4㎡ 이상은 상당히 획기적인 시도였다. 반면, 상업지역의 최소 면적은 약 330.6㎡으로 규정하여 이후 지구단위계획을 통하여 대규모 필지로 통합되었다.

[15]

논현동의 주요 사회적 지표

논현동 거주자 현황 논현동은 2021년 기준 39,672명이 거주하고 있으며, 이는 강남구 전체 인구의 8.1%에 해당한다. 주변 인접 구역인 신사동, 청담동, 역삼동과 인구수를 비교했을 때 논현동과 역삼동의 격차가 가장 컸으나, 인구밀도로 보면 두 지역의 격차가 크지 않아 논현동 인구밀도가 강남구 평균을 상회하는 것을 확인할 수 있다. 신사동, 논현동, 청담동의 여성인구 비율은 강남구 평균을 상회하며, 이는 3개 법정동이 강남구 내에서도 여성인구가 선호하는 거주 지역임을 보여준다. 강남구는 2016~2021년간 28,512명의 인구 감소가 있었는데, 이는 서울에서 노원구에 이어 두 번째로 많은 수치다. 강남구에서도 청담동이 가장 인구 감소가 컸고, 논현동은 그나마 소폭이었다. 2023년 강남구청 통계를 확인해 보면 최근 2년 사이 강남구의 인구 증가 폭을 확인할 수 있는데, 이는 코로나19 이후 경기 회복과 개포동, 대치동의 택지 개발이 마무리되면서 입주 등으로 나타난 일시적인 현상으로 보인다.

[15] 서울시는 1972년까지 시영주택 10개 단지를 건립하고 주변 지역 200만평에 도로, 상하수도, 학교 등을 설치하여 거주여건을 조성하였다.
(출처: 『서울시정사진총서 6』, 2015)

강남구 행정구역별 인구수 변화(2016-2021)
단위: 명

- 4,298 초과
- 1,031 ~ 4,298 이하
- 176 ~ 1,031 이하
- 0 ~ 176 이하
- -1,915 ~ 0 이하
- -4,513 ~ -1,915 이하
- -4,513 이하

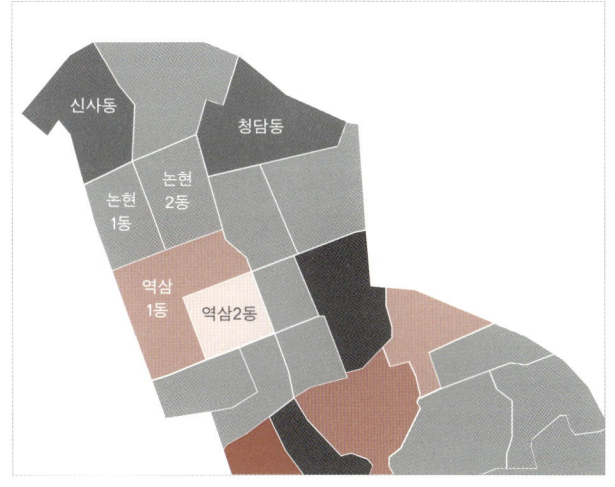

강남구 행정구역별 평균 가구원 수(2021)
단위: 명

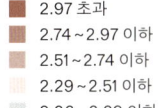
- 2.97 초과
- 2.74 ~ 2.97 이하
- 2.51 ~ 2.74 이하
- 2.29 ~ 2.51 이하
- 2.06 ~ 2.29 이하
- 1.83 ~ 2.06 이하
- 1.83 이하

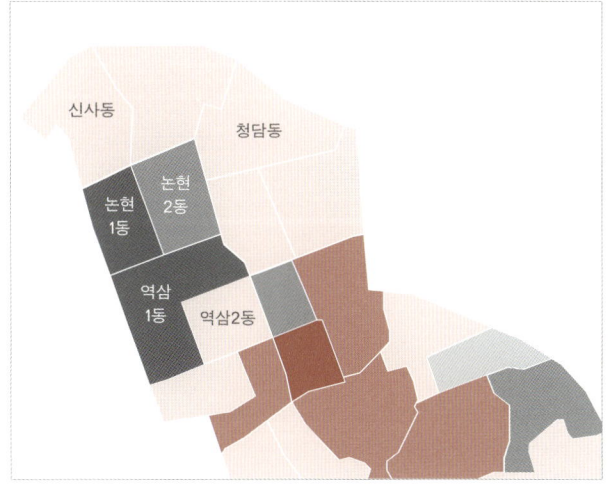

강남구 4개 법정동 인구수(2021)
단위: 명

- 신사동 14,156
- 논현동 39,672
- 청담동 23,199
- 역삼동 65,954

강남구 4개 법정동 인구밀도(2021)
단위: 명/km²

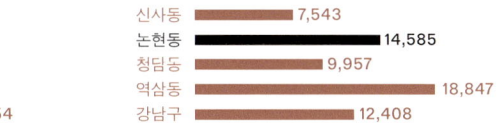

- 신사동 7,543
- 논현동 14,585
- 청담동 9,957
- 역삼동 18,847
- 강남구 12,408

논현동 가구 현황   논현1동과 역삼1동이란 법정동 기준으로 보아도 논현동과 역삼동에 1인 가구가 가장 많은 것으로 나타난다. 두 지역의 가구 수 차이는 있지만 면적당 가구 수로 보면 차이가 크지 않다. 논현동과 역삼동은 2000년대 초반부터 서울에서 청, 장년층 1인 가구가 선호하는 지역 중 하나로 손꼽혀 왔으며, 여전히 1인 가구 비율이 높은 지역이다. 지난 6년간(2016~2021) 인구 감소 현상에도 불구하고, 1인 가구가 논현동은 1,570가구, 역삼동은 3,276가구로 증가했다. 강남구의 평균 가구원 수는 서울시 평균과 동일한 2.3명이다. 강남구는 법정동별 편차가 큰 편인데, 특히 논현1동과 역삼1동이 1.6명으로 가장 낮고, 논현2동이 1.9명으로 그 뒤를 따랐다. 평균 가구원 수가 가장 높은 지역은 대치2동으로 3.2명의 값을 보였다.

논현동 종사자 현황   강남구는 서울시에서 가장 많은 종사자가 분포하는 지역이다. 2021년 기준으로 서울 종사자 수는 강남구 800,269명, 서초구 487,149명, 영등포구 431,292명이다. 2위 지역인 서초구와 비교해도 수치상 1.7배 정도 차이가 난다. 종사자가 밀집한 지역은 강남구 중앙부인 테헤란로인데, 그중 역삼1동이 가장 높으며, 삼성1동·대치2동과 함께 논현2동에도 종사자 수가 많은 것으로 드러난다. 지난 6년간(2016~2021) 강남구의 종사자 수는 꾸준히 늘어왔는데, 가장 크게 증가한 지역은 역삼1동, 대치2동, 논현2동 순으로 나타났다.

서울시 행정구역별 종사자 수(2021)
단위: 명

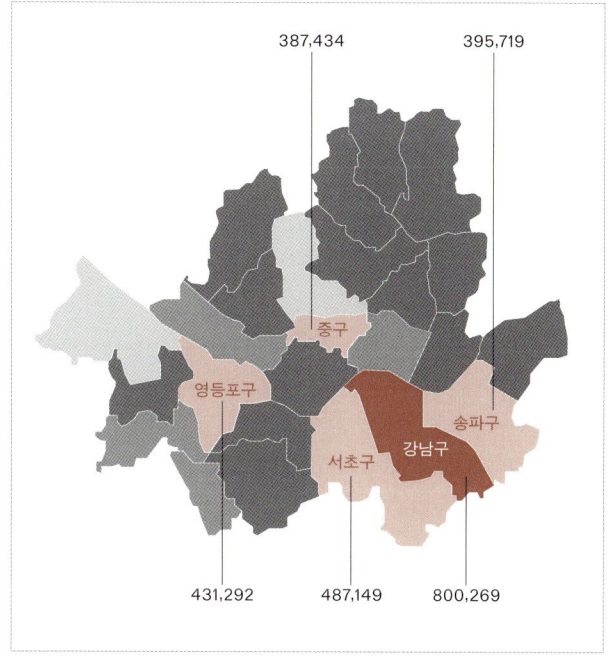

강남구 행정구역별 종사자 수 변화(2016-2021)
단위: 명

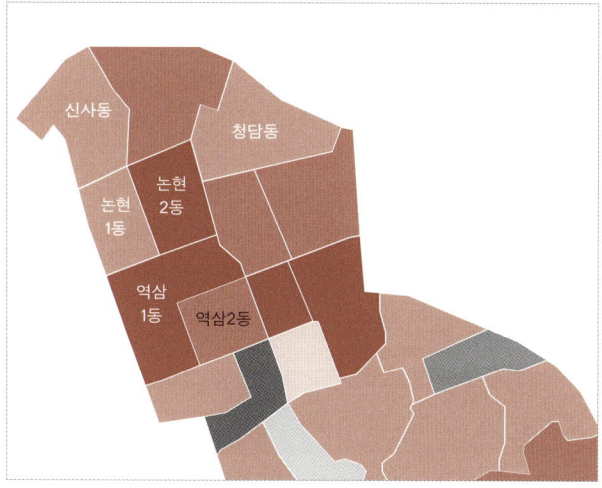

강남구 4개 법정동 1인가구 수(2021)
단위: 가구

강남구 4개 법정동 종사자 수(2021)
단위: 명

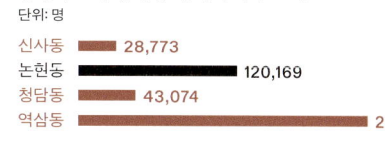

논현동의 도시 건축적 상황

논현동 공동주택 현황 강남구 주택의 75.6%가 아파트다. 2021년 기준, 서울 아파트 수는 노원구 159,622동, 송파구 127,795동, 강남구 123,164동이니 강남구는 서울 내 아파트가 많은 지역으로 3위이다. 이런 강남구 내에서도 아파트 분포는 법정동별 편차가 컸다. 역삼동 남쪽에는 아파트가 많고, 역삼동 북쪽에는 대치4동, 논현1동, 역삼1동 순으로 아파트가 적게 분포하고 있다. 강남구의 연립, 다세대주택 유형은 20.4%를 차지한다. 법정동 분포 현황을 보면, 아파트와 반대로 역삼1동, 논현1동, 대치4동인 역삼동 북쪽에 주로 저층형 주거시설이 다수 위치한 특징을 확인할 수 있었다. 이와 반대로 개포3동과 수서동에는 연립, 다세대주택이 전무한 상황이었다. 4개 지역을 비교해 보면 신사동과 청담동은 저층형 공동주택 수가 아파트에 비해 현저히 적었다. 역삼동도 큰 차이는 아니었지만 아파트가 더 많은 상황이었다. 유일하게 논현동이 아파트보다 저층형 공동주택이 더 많은 특징을 보였다. 특히 논현1동에는 다가구주택, 연립주택, 다세대주택이 월등히 많다.

논현동 단독주택 현황 2021년 기준 단독주택은 강남구에서 10.2%를 차지하는 주택 유형이다. 그중 논현동 21.2%, 역삼동 22.2%로 이 두 곳에 강남구의 단독주택 43%가 분포되어 있다. 논현동, 역삼동과 반대로 대치4동과 개포3동에는 단독주택이 없는 것도 눈여겨볼 만 하다. 한편, 지난 6년간(2016~2021) 강남구의 단독주택 수는 감소하는 추세로, 특히 논현동은 강남구 전체에서 단독주택이 가장 많이 감소하고 있는 지역이다. 그럼에도 신사동, 논현동, 청담동, 역삼동 4개의 지역을 비교했을 때, 논현동이 단독주택과 연립 및 다세대주택의 비율이 압도적으로 높았다. 역삼동도 비슷한 현황을 보였지만, 아파트에 비해 저층형 주택의 비율이 47.8%로 절반을 넘지 못했으며, 신사동과 청담동은 아파트의 비율이 70%를 넘었다.

강남구 4개 법정동 단독주택 호수(2021)
단위: 호

- 신사동: 314
- 논현동: 1,374
- 청담동: 328
- 역삼동: 1,440

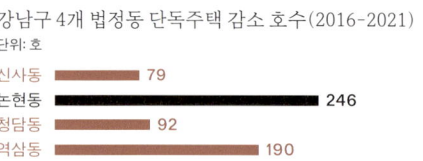

강남구 4개 법정동 단독주택 감소 호수(2016-2021)
단위: 호

- 신사동: 79
- 논현동: 246
- 청담동: 92
- 역삼동: 190

강남구 4개동 용도시설 현황 (2021)
논현동, 신사동, 역삼동, 청담동 등록 건물수 비교

- 상업용 공동주택
- 제1종근린생활시설
- 제2종근린생활시설
- 판매시설
- 업무시설

논현동 상업시설 현황   논현동은 2015년에는 1,580동이었던 상업 및 업무시설이 2021년에는 1,761동으로 늘어났다. 특히 제2종 근린생활시설의 증가가 두드러진다. 근린생활시설이란 주거지와 인접해 생활에 편의를 줄 수 있는 소규모 상업 및 업무시설을 말한다. 1종과 2종은 용도와 면적으로 구분할 수 있는데, 제2종 근린생활시설은 500㎡ 미만의 공연장과 사무소, 300㎡ 미만의 휴게음식점, 그리고 사진관과 일반음식점 등이 해당한다. 4곳의 지역별 상업시설 건물 수는 역삼동 1,851동, 논현동 1,761동, 신사동 1,333동, 청담동 747동 순이었다. 제1종 근린생활시설 건물 수는 논현동, 신사동, 역삼동이 비슷한 상황이었다. 하지만 제2종 근린생활시설은 논현동이 가장 많은 상태로 상업 및 업무시설의 64%를 차지했다. 상업시설 내 세부 용도를 보면 제1종 근린생활시설로 소매점, 휴게음식점, 의원 3개의 업종이 가장 두드러졌다. 용도별 등록된 업종 수는 4곳의 비교지역 모두 유사했다. 제2종 근린생활시설 역시 4곳의 비교지역 모두 사진관, 학원, 사무소, 기타 사무소가 많았는데, 그중 논현동에는 사진관과 사무소가 다른 지역보다 두드러지게 많이 분포되어 있음을 확인할 수 있었다.

논현동 5년간(2018-2022) 인허가 현황   5년간 논현동 인허가 건수는 총 1,215건이다. 발코니 구조 변경을 포함한 용도변경 건은 567건, 대수선 138건, 증축 145건, 신축 355건, 주택건설사업계획승인 10건이었다. 2020년부터 200건이 웃돌며 점차 늘어나는 추세였고 최근 3년간은 평균 300건을 넘었다. 매해 10건 이상 발생한 인허가 용도는 공동주택, 단독주택, 업무시설, 제1종 근린생활시설, 제2종 근린생활시설이다. 그중 제2종 근린생활시설의 인허가 건수가 가장 많은데 5년간 총 604건이었다. 같은 기간 대비 논현동에서 발생한

RESEARCH

41

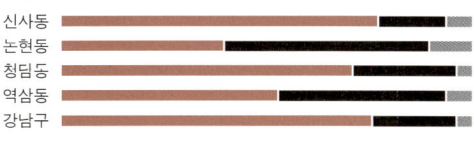

강남구 4개 법정동 주택 유형 비율 (2021)
신사동 / 논현동 / 청담동 / 역삼동 / 강남구

- 아파트
- 연립/다세대주택
- 단독주택

논현동의 5년간(2018-2022) 인허가 누적상황 - 용도별 인허가 상황

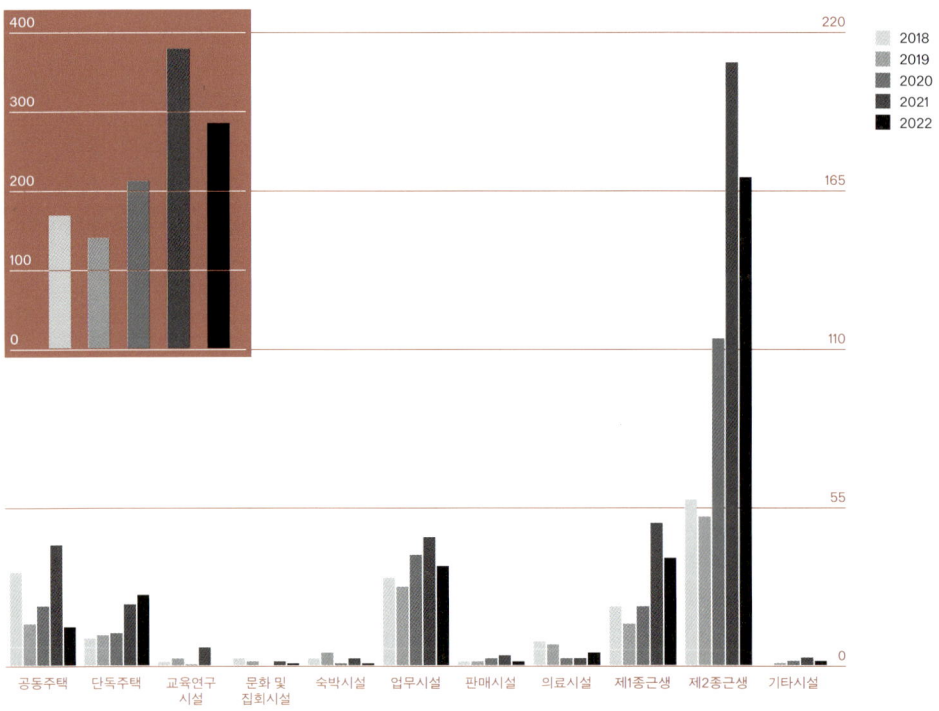

강남구 4개 법정동 상업시설 현황(세부)

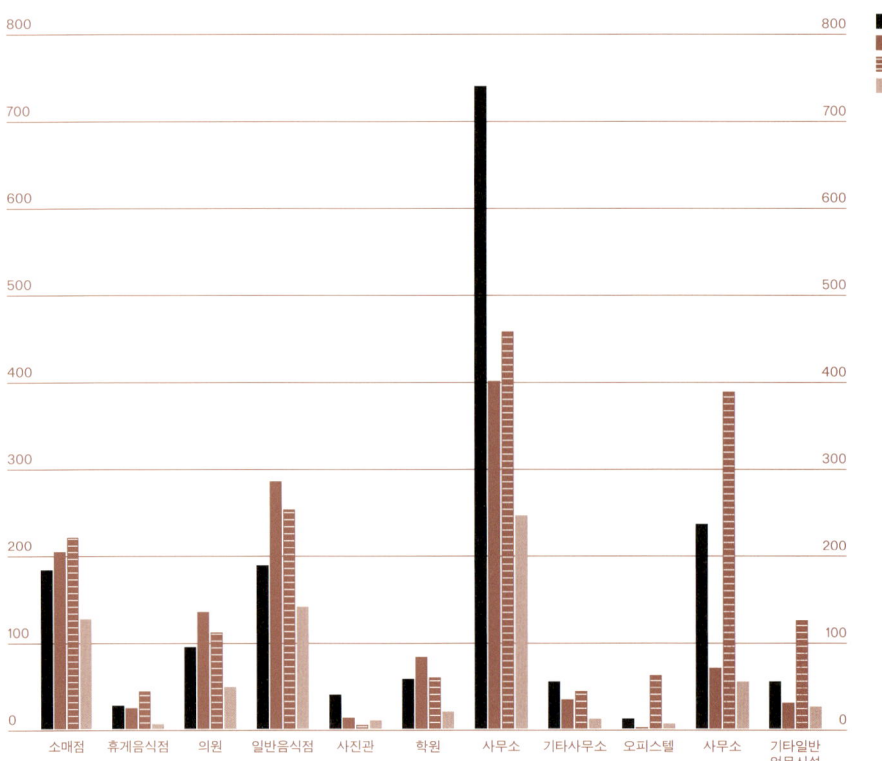

인허가 수의 49.7%를 차지한다는 뜻이다. 연도별 추이를 보면 2018년 172건, 2019년 142건에 머무르던 인허가 수가 2020년 217건, 2021년에는 391건까지 가파르게 상승한다. 이런 상승을 주도한 것은 앞서 언급한 제2종 근린생활시설의 증가다. 2018년 58건, 2019년 52건이던 제2종 근린생활시설 인허가 건수는 2020년 114건, 2021년에는 210건으로 2018년도 대비 4배 가까이 상승한다.

논현동의 건물 밀도 현황 논현동은 전체 건물 4,039동 중 상업·업무용이 1,761건(43.5%), 주거용이 2,278건(56.5%)이다. 건물 용도 비율로는 역삼동과 유사한 상황이었지만, 역삼동은 고층 건물의 지분이 커 단위면적당 건물 밀도는 낮았다. 즉, 논현동은 비교 지역 4곳 중 가장 밀도가 높은 지역이다. 논현동을 비롯한 인접 4개 동의 단위면적당 건물 수를 살펴보면 청담동이 1km² 당 633.5동, 신사동이 1,040.7동, 역삼동이 1,238.3동인 것에 비해 논현동은 1,484.9동을 기록한다. 이는 평균의 건물 밀도가 가장 높다는 말이며, 반대로 말해 논현동 필지들은 작은 규모로 쪼개져 있음을 뜻한다.

강남구 동별 필지 규모와 밀도 상황(2021)
(1차 출처: 세움터, 2차 데이터 가공)

지역 (건물 수)	면적 (km²)	단위면적당 건물 수	합계	상업용 (건물 수)	주거용 (건물 수)
논현동	2.72	1,484.9	4,039.0	1,761	2,278
신사동	1.89	1,040.7	1,967.0	1,333	634
역삼동	3.5	1,238.3	4,334.0	1,851	2,483
청담동	2.33	633.5	1,476.0	747	729

[16]

논현동의 특징 종합

논현동은 1970년대 영동개발 당시 토지구획정리사업에 따라 생긴 대로로 강남구에서도 가장 큰 슈퍼블록을 갖고 있지만, 그 안쪽은 강남구에서 가장 조밀하고 작은 필지로 빼곡히 구성되어 있다. 슈퍼블록의 가장자리, 즉 대로변에 맞닿은 경계부 블록에는 상업지역이 선형적으로 조성되었고, 내부로는 낮은 저층 주거지와 소규모 상업 및 업무시설이 빼곡하게 들어차 극단적인 풍경의 대비를 이룬다.

블록 내·외부의 풍경 간의 온도 차는 다소 큰 편이지만 논현동은 여러 지표에서 볼 수 있듯 강남구에서도 비교적 안정적인 도심 주거지로 자리매김했다. 그중 논현1동에는 지하철 7호선이 위치해 자연스럽게 주거밀집지역을 형성했다. 논현2동과 비교하면 정주 인구수는 더 많지만, 평균 가구원 수는 적고, 1인 가구 수는 또 월등히 많은 편이다. 반면 논현2동은 언주로 동쪽으로 아파트와 고급 빌라 단지가 있고, 논현1동에 비해 정주 인구보다 종사자 수가 많다. 이를 통해 논현1동은 정주 인구가 많고, 논현2동은 근무 인구가 많은 특징을 알 수 있다.

인근 4곳 비교 대상 지역인 신사동, 역삼동, 논현동, 청담동 중에서 단독주택과 연립 및 다세대주택, 즉 저층 주거시설이 가장 많은 지역은 논현동이었다. 하지만 최근 이곳은 단독주택 감소가 빠르게 진행되고 있었다. 2020년 이후 급격하게 늘어난 용도변경과 소규모 상업 및 업무시설이 자리잡으며 단독주택과 연립·다세대주택이 제2종 근린생활시설로 바뀌는 현상이 나타나기 시작했다. 최근 5년간 246호의 단독주택이 감소하고, 169동의 제2종 근린생활시설이 늘어났다.

특히 논현동에서는 제2종 근린생활시설 중 사무소, 사진관의 용도와 임대 공간이 결합한 형태를 흔히 볼 수 있다. 역삼동은 대형 업무시설 중심으로 종사자의 유입이 증가하는 형태를 띠었다면, 논현동은 중소기업이 쓰기에 적합한 규모의 사무실로, 저층부는 임대공간으로 사용되는 양상을 보인다. 2018년 이후 건축 인허가 건수가 지속해 증가하는 추세이며, 그 변화 추세에는 제2종 근린생활시설의 비중이 두드러지는 것을 확인할 수 있었다.

참고문헌

- 서울역사박물관, 『서울시정사진기록총서 5 - 두더지 시장 양택식 I : 1970-1972』, 2014
- 서울역사박물관, 『서울시정사진기록총서 7 - 가자! 강남으로: 1974-1978』, 2016
- 서울역사박물관, 『서울시정사진기록총서 9 - 선진수도로의 도약: 1979-1983』, 2018
- 서울역사박물관, 『서울반세기종합전II - 강남 40년, 영동에서 강남으로』, 2011
- 서울시정개발연구원, '서울의 도시형태연구', 2009
- 강남구청, 디지털강남문화대전 서울시정개발연구원, '지표로 본 서울시 도시공간특성에 관한 연구: 생활환경 격차 분석을 중심으로', 2009
- 김성홍, 『서울 해법』, 2020
- 김성홍, '서울 강남 주거지역의 상업화와 건축의 변화에 관한 연구', 2012
- 서울연구원, '서울시 저층주거지 실태와 개선방향', 2017
- 채정은, 박소연, 변병설, '서울시 1인 가구의 공간적 밀집지역과 요인분석', 2014

[16] 1981년 반포와 논현동 일대 모습
(출처:『서울시정사진총서 9』, 2018)

FROM NONGOGAE TO BECOME A SUPERBLOCK IN GANGNAM — URBAN CONTEXT AND ARCHITECTURAL CHANGES IN NONHYEON-DONG

Research and Text by
JOHSUNGWOOK ARCHITECTS

NONHYEON-DONG OVERVIEW

Location   Two administrative Dongs in Gangnam-gu, Seoul
Area   2.72 km² (6.9% = of the total area of Gangnam-gu)
Population   39,672 people (8.1% of the total population of Gangnam-gu)
Population Density   14,585 people/km² (Gangnam-gu average 12,408 people/km²)
Administrative District   Nonhyeon 1-dong and Nonhyeon 2-dong

Nonhyeon-dong is a legal district in Gangnam-gu, Seoul, in the southeast living area. Unlike other areas in Gangnam, such as Sinsa-dong, Cheongdam-dong, Yeoksam-dong, Apgujeong-dong, and Samseong-dong, which are lined with large-scale apartments and high-rise business facilities, Nonhyeon-dong is a low-rise, small-scale neighbourhood with a mix of residential, commercial, and business facilities, except around the boulevard. It is a departure from the usual image of Gangnam-gu. It was the site of Gangnam's first apartment building in 1972, but today, it has the fewest apartment units among the legal districts in Gangnam-gu. With Subway Line 7 running through it, it is known for its convenient transportation and proximity to work. Since the early 2000s, it has been one of the most popular areas in Seoul for young adults and elderly single-person households. Nonhyeon-dong is a superblock that is a symbol of Gangnam's development and is divided into six blocks, intersected by Dosan-daero, Gangnam-daero, Bongeunsa-ro, Nonhyeon-ro, and Eonju-ro. In particular, Nonhyeon 1-dong is home to the largest grid superblock in Gangnam-gu, with each block measuring 800 × 900 metres.

Nonhyeon-dong is administratively divided into Nonhyeon 1-dong and 2-dong. Nonhyeon 1-dong covers 46.1% of Nonhyeon-dong in terms of area but has a resident population of 50.7%, making it more densely populated than Nonhyeon 2-dong. Hakdong-ro, a street specialising in furniture, runs east and west, creating two blocks. To the north of the block are Hakdong Park, the only community park in Nonhyeon-dong, and two apartment complexes with more than ten floors. These are primarily low-rise, mixed residential, commercial, and office buildings. High-rise commercial buildings along Gangnam-daero and Bongeunsa-ro surround the southern part of the block. The block's interior starkly contrasts the surrounding landscape, with no apartments and mostly multi-family and multi-unit houses. Nonhyeon 2-dong is divided into four blocks by the intersection of Hakdong-ro and Eonju-ro, but its topographical features can be divided into east and west. Like the northern block of Nonhyeon 1-dong, the west side contains a mix of low-rise residential, commercial, and office buildings. It houses the Geonseolhoegwan and Seoul Regional Customs. The east block has a higher proportion of high-end townhouses, multi-family houses, and apartments, with most of Nonhyeon-dong's apartments in this block.

FORMATION AND DEVELOPMENT OF NONHYEON-DONG

Nonhyeon-dong before the 1960s   Until the mid-1960s, the only bridges that crossed the Hangang River were the Hangang Bridge (formerly the Hangang Footbridge) and Gwangjingyo Bridge. The Gangnam area used to be a quiet rural area with rice paddies, fields, and orchards where vegetables, fruits, and grains were grown for the people of Seoul. Nonhyeon-dong comes from "Nongogae", where the Nonhyeon-dong Catholic Church is currently located. The mountain valley from Gangnam Post Office (formerly Yeongdong Post Office) to Banpo Apartment was lined with rice fields on both sides, so it was called "Nongogae", combining "non (rice fields)" and "Gogae (mountain passes)".

The birth of Gangnam-gu   In 1963, Seoul's administrative area was more than doubled, and Gangnam-gu was incorporated into Seongdong-gu at that time. Gangnam-gu would not reappear in Seoul's administrative division until 1975. It was a large borough that combined all four of the current wards of Seocho, Gangnam, Songpa, and Gangdong, and at the time covered 23% of Seoul's total area. Gangdong-gu was separated in 1979, followed by Seocho-gu in 1988.

Yeongdong District II Land Compartmentalization and Rearrangement Projects   "Yeongdong" means "east of Yeongdeungpo" and was the name given to the areas of current Gangnam-gu and Seocho-gu. In 1971, the Yeongdong II District (now Nonhyeon-dong, Sinsa-dong, Apgujeong-dong, Cheongdam-dong, Yeoksam-dong, Samsung-dong, and Daechi-dong) Land Compartmentalization and Rearrangement Projects began. It covered a vast area of 13.15km². It was an urban development project that divided and organised land in undeveloped areas and returned the remaining land to the existing owners, except for land used for public facilities such as roads, parks, and schools. Therefore, the contours and patterns of the land within the block, except along the boulevards, retained their historical topography and shape.

Yeongdong Gongmuwon Apartment

The first apartment complex in Gangnam-gu was built at the beginning of the Yeongdong development project to incentivise people to move to Gangnam. At 22 Nonhyeon-dong, a 360-unit, 12-storey building with a land area of 23,738m² and five floors was built. It was completed in December 1971 and was sold to government employees of the Seoul Metropolitan Government, the Seoul Metropolitan Office of Education, and the Seoul Metropolitan Police. Nonhyeon-dong was the main base for the development of Yeongdong district until the first half of the 1970s, when the Yeongdong Gongmuwon Apartment, Yeongdong Chagwan Apartment, Yeongdong Apartment, and Yeongdong Siyeong Apartment were built. In June 1994, the Yeongdong Gongmuwon Apartment was approved for reconstruction as eight apartment buildings with 13 floors, up from the original five floors, and was completed in 1997 as the Nonhyeon Shindongah Apartment. It was the first reconstruction approval in Gangnam-gu.

Yeongdong District Municipal Detached Housing

The land rezoning project for Yeongdong District II reflects the designation of apartment districts, and large-scale apartments are beginning to be built in Cheongdam, Dogok, Apgujeong, and Banpo. In addition, detached houses began to be built in 1972.

A base development plan was established to promote efficient development. Apartments were distributed in Nonhyeon-dong, Hak-dong (now Nonhyeon 2-dong), Cheongdam-dong, and Samseong-dong and sold to the public after construction. The Yeongdong District Municipal Detached Housing Complex Plan shows the sites of government offices, schools, parks, markets, and more, centred around the complexes that will be built in the new section of the city. A total of 1,396 units (250 municipal housing units, 225 public housing units, and 921 financial housing units) are planned, with a land area of 165 to 231m² per unit. The construction location is in the centre of the block, which is easy to build, cheap to land, and valuable as a residential area. The city of Seoul arranged intra-city bus routes around these complexes, and as a result, more private-sector housing was built, gradually creating the appearance of a city centre.

Urban spatial structure features of Nonhyeon-dong

As of 2024, the urban structure of Nonhyeon-dong still shows traces of Yeongdong development. A typical example is the grid road system centred on wide arterial streets such as Gangnam-daero and Dosan-daero, 50m wide, and Bongeunsa-ro, 40m wide. In contrast, the inner blocks are mainly 6 to 8m of irregularly shaped streets due to a lack of road clearance and topography. There is a noticeable difference in the horizontal hierarchy. The Yeongdong development was the most residential of Seoul's suburban development types at the time, with a relatively small proportion of commercial areas. Even now, most of Nonhyeon-dong is in Class I or II General Residential Areas. In addition, a large proportion of road land was acquired in the Land Compartmentalization and Rearrangement Project, primarily to secure land for the opening of expressways. In comparison, schools and parklands have only received the minimum standards, resulting in a low rate of green space to this day. For this reason, Hakdong Park is the only community park in Nonhyeon-dong, with two elementary schools and one middle school. Youngdong Development stipulates that the minimum area of a lot must be at least 165.3m². At a time when most lots were 99.2m² or smaller, 165.3m² for general residential areas and 234.4m² for private residential areas was quite groundbreaking. On the other hand, the minimum area for commercial areas was stipulated to be approximately 330.6m², which was later consolidated into larger plots through the District Unit Plan.

KEY SOCIAL METRICS FOR NONHYEON-DONG

Residents of Nonhyeon-dong   As of 2021, Nonhyeon-dong had 39,672 residents, 8.1% of Gangnam-gu's total population. When comparing the population of Nonhyeon-dong and Yeoksam-dong with the neighbouring districts of Sinsa-dong, Cheongdam-dong, and Yeoksam-dong, the gap between the two is the largest, but when looking at population density, the gap is not as large, and the density of Nonhyeon-dong is higher than the average for Gangnam-gu. The proportion of women in Sinsa-dong, Nonhyeon-dong, and Cheongdam-dong is above the average for Gangnam-gu, indicating that the three legal districts are preferred residential areas for women in Gangnam-gu. Gangnam-gu lost 28,512 people between 2016 and 2021, the second largest population loss in Seoul after Nowon-gu. In Gangnam-gu, Cheongdam-dong had the most significant population decline, while Nonhyeon-dong had the smallest. The Gangnam-gu Office statistics for 2023 show that the population of Gangnam-gu has increased in the last two years, which is a temporary phenomenon due to the post-COVID-19 economic recovery and the completion of residential developments in Gaepo-dong and Daechi-dong.

[8]   Aerial photo of Nonhyeon 1-dong taken in March 1973. On the left side of the photo is the current Sinsa Station intersection, and below it is the Yeongdong Gongmuwon Apartments, the first apartment in Gangnam-gu.

[9]   Aerial photo of Nonhyeon 1-dong taken in March 1974. The center left of the photo is the current Nonhyeon Station intersection, and the shape of the past land outline and topography is preserved inside the grid-patterned superblock.

Households in Nonhyeon-dong   Nonhyeon 1-dong and Yeoksam 1-dong have the highest number of single-person households. Although the number of households in the two areas differs, the difference is not significant in terms of the number of households per area. Nonhyeon-dong and Yeoksam-dong have been among the favourite neighbourhoods for young adults and middle-aged single-person households in Seoul since the early 2000s, and there is still a high proportion of single-person households. Despite the population decline over the past five years (2016–2021), the number of single-person households increased to 1,570 in Nonhyeon-dong and 3,276 in Yeoksam-dong. The average number of household members in Gangnam-gu is 2.3, the same as the Seoul average. Gangnam-gu has considerable variation by legal district, with Nonhyeon 1-dong and Yeoksam 1-dong having the lowest number, at 1.6, followed by Nonhyeon 2-dong, at 1.9. The neighbourhood with the highest average number of household members was Daechi 2-dong, with an average of 3.2.

Workers in Nonhyeon-dong   Gangnam-gu is the district with the most workers in Seoul. As of 2021, the number of people working in Seoul was 800,269 in Gangnam-gu, 487,149 in Seocho-gu, and 431,292 in Yeongdeungpo-gu, a difference of 1.7 times compared to the second largest district, Seocho-gu. The concentration of workers is mainly distributed in Teheran-ro, the central part of Gangnam-gu, where Yeoksam 1-dong is the highest, and Nonhyeon 2-dong, along with Samsung 1-dong and Daechi 2-dong, also have a high number of workers. Over the past five years (2016–2021), the number of workers in Gangnam-gu has steadily increased, with the most significant increases in Yeoksam 1-dong, Daechi 2-dong, and Nonhyeon 2-dong.

URBAN ARCHITECTURAL CONTEXT OF NONHYEON-DONG

Current status of apartment buildings in Nonhyeon-dong

75.6% of Gangnam-gu housing units are apartments. As of 2021, there were 159,622 apartments in Seoul, with 127,795 in Nowon-gu, 123,164 in Songpa-gu, and 123,164 in Gangnam-gu, making Gangnam-gu the third most populated neighbourhood in Seoul. Even within Gangnam-gu, the distribution of apartments varied greatly by legal district. There were more apartments in the south of Yeoksam-dong and fewer in the north, followed by Daechi 4-dong, Nonhyeon 1-dong, and Yeoksam 1-dong. Terraced houses and multi-family housing types account for 20.4 per cent of Gangnam's housing stock. When looking at the distribution by legal district, we can see that many low-rise residential buildings, as opposed to apartments, are located in the north of Yeoksam 1-dong, Nonhyeon 1-dong, and Daechi 4-dong. In contrast, Gaepo 3-dong and Suseo-dong had no row or multi-family houses. Comparing the four neighbourhoods, Sinsa-dong and Cheongdam-dong have significantly fewer low-rise multi-houses than apartments. In Yeoksam-dong, it wasn't much different, but there were more apartments. Only Nonhyeon-dong was characterised by more low-rise multi-houses than apartments. Nonhyeon 1-dong, in particular, has many multi-family houses, townhouses, and multi-unit houses.

Detached houses in Nonhyeon-dong   As of 2021, detached houses accounted for 10.2% of housing in Gangnam-gu. These two districts account for 43 per cent of Gangnam's detached houses, with 21.2% in Nonhyeon-dong and 22.2% in Yeoksam-dong. In contrast to Nonhyeon-dong and Yeoksam-dong, there are no detached houses in Daechi 4-dong and Gaepo 3-dong. On the other hand, the number of detached houses in Gangnam-gu has been declining over the past five

[10] In 1971, the Yeongdong II District (now Nonhyeon-dong, Sinsa-dong, Apgujeong-dong, Cheongdam-dong, Yeoksam-dong, Samsung-dong, and Daechi-dong) Land Compartmentalization and Rearrangement Projects began. It covered a vast area of 13.15㎢.

[11] Yeongdong Gongmuwon Apartment, the first apartment complex in Gangnam-gu was built at the beginning of the Yeongdong development project to incentivise people to move to Gangnam.

years (2016–2021), with Nonhyeon-dong in particular experiencing the most significant decline in detached houses in the whole of Gangnam-gu. However, when comparing the four districts of Sinsa-dong, Nonhyeon-dong, Cheongdam-dong, and Yeoksam-dong, Nonhyeon-dong has the highest proportion of detached, terraced, and multi-family houses. Yeoksam-dong had a similar situation, but the ratio of low-rise dwellings to apartments was less than half, at 47.8 per cent, while Sinsa-dong and Cheongdam-dong had more than 70 per cent of apartments.

Commercial facilities in Nonhyeon-dong

The number of commercial and business facilities in Nonhyeon-dong increased from 1,580 in 2015 to 1,761 in 2021. The increase in the Class-II neighbourhood living facilities is particularly notable. Neighbourhood living facilities are small-scale commercial and business establishments located adjacent to residences, which can provide convenience to residents. Class-I and Class-II are distinguished by use and area. The Class-II neighbourhood facilities include theatres and offices under 500m², snack restaurants under 300m², and photo studios and ordinary restaurants. The commercial buildings in the four comparison areas were 1,851 in Yeoksam-dong, 1,761 in Nonhyeon-dong, 1,333 in Sinsa-dong, and 747 in Cheongdam-dong. Nonhyeon-dong, Sinsa-dong, and Yeoksam-dong were similar regarding the number of Class-I neighbourhood facilities. However, Class-II neighbourhood facilities are the most prevalent in Nonhyeon-dong, accounting for 64% of commercial and business premises. When looking at the breakdown of commercial uses, the three most prominent types of neighbourhood facilities are retail, snack restaurants, and clinics. The number of registered businesses by use was similar across all four regions. All four areas had many Class-II neighbourhood facilities, including photography studios, private institutes, offices, and other offices. Nonhyeon-dong had a higher concentration of photography studios and offices than the other areas.

Nonhyeon-dong's authorisation status for five years (2018–2022)

The total number of authorisations in Nonhyeon-dong over the past five years is 1,215. There were 567 changes of use, including modifications to balcony structures, 138 major renovations, 145 extensions, 355 new constructions, and ten planning approvals for residential construction. The number of cases has been rising since 2020, exceeding 200 and averaging over 300 in the last three years. The following types of licensed uses have more than 10 cases per year: multi-family housings, detached houses, business establishments, and Class-I and Class-II neighbourhood living facilities. The highest number of licences for Class-II neighbourhood living facilities was issued in five years, with 604 licences in total. This means that compared to the same period, it accounts for 49.7% of the number of licenses issued in Nonhyeon-dong. The yearly trend shows a steep rise in permits from 172 in 2018 and 142 in 2019 to 217 in 2020 and 391 in 2021. The increase mentioned above in Class-II neighbourhood facilities drives the rise. The number of authorisations for Class-II neighbourhood living facilities will nearly quadruple from 58 in 2018 and 52 in 2019 to 114 in 2020 and 210 in 2021.

[12]   The land rezoning project for Yeongdong District II reflects the designation of apartment districts, and large-scale apartments are beginning to be built in Cheongdam, Dogok, Apgujeong, and Banpo. In addition, detached houses began to be built in 1972. A total of 1,396 units are planned, with a land area of 165 to 231m² per unit.

[13]   The Yeongdong District Municipal Detached Housing Complex Plan, 1972

Building Density in Nonhyeon-dong   Of the 4,039 buildings in Nonhyeon-dong, 1,761 (43.5%) are commercial/business and 2,278 (56.5%) are residential. In terms of building use ratio, it was similar to Yeoksam-dong, but Yeoksam-dong had a higher proportion of high-rise buildings and lower building density per unit area. In other words, Nonhyeon-dong is the most densely populated among the four areas. When looking at the number of buildings per unit area in the four neighbouring districts, Nonhyeon-dong has 1,484.9 buildings per square kilometre, compared to 633.5 buildings in Cheongdam-dong, 1,040.7 buildings in Sinsa-dong, and 1,238.3 buildings in Yeoksam-dong. This means that the average building density is the highest, and conversely, the non-hyperactive parcels are fragmented into smaller parcels.

COMPREHENSIVE FEATURES OF NONHYEON-DONG

Nonhyeon-dong has the largest superblock in Gangnam-gu due to the boulevard created by the land reclassification project during the Yeongdong development in the 1970s. Still, its inner side comprises the densest and most minor plots in Gangnam-gu. The commercial areas are linear at the edges of the superblocks, the perimeter blocks facing the boulevard. At the same time, the inner part is filled with low-rise residential and small-scale commercial, and office uses, creating a stark landscape contrast.

Although the atmosphere difference between the block's inner and outer landscapes is rather significant, Nonhyeon-dong has established itself as a relatively stable urban residential area in Gangnam-gu, as evidenced by several indicators. In Nonhyeon 1-dong, Subway Line 7 was built and naturally formed a dense residential area. Compared to Nonhyeon 2-dong, the number of permanent residents is higher, but the average number of household members is lower, and the number of single-person households is much higher. Nonhyeon 2-dong, on the other hand, has apartments and luxury villa complexes east of Eonju-ro and has a higher number of workers than residents compared to Nonhyeon 1-dong. It shows that Nonhyeon 1-dong has a large resident population, and Nonhyeon 2-dong has a large working population.

Of the four neighbourhoods compared—Sinsa-dong, Yeoksam-dong, Nonhyeon-dong, and Cheongdam-dong—Nonhyeon-dong has the highest number of low-rise residential properties, both detached houses and row and multi-family houses. The area has recently seen a rapid decline in detached houses. Since 2020, rezoning has increased dramatically, with small-scale commercial and business establishments moving in and detached houses, terraced houses, and multi-family houses converted into Class-II neighbourhood facilities. In the last five years, 246 detached houses have been reduced and 169 Class-II neighbourhood living facilities have been added. It is not uncommon to find a combination of offices, photography studios, and rental spaces among the Class-II neighbourhood living facilities, especially in Nonhyeon-dong. While Yeoksam-dong has seen an increase in the influx of workers centred on extensive office facilities, Nonhyeon-dong is characterised by offices of a size suitable for small and medium-sized businesses, with the lower floors being used as rental space. Since 2018, the number of building authorisations has been steadily increasing, and the proportion of Class-II neighbourhood living facilities has also significantly increased.

[14]   The sketch of the Yeongdong District Municipal Detached Housing

[15]   Yeongdong District II Land Compartmentalization and Rearrangement Projects. It was an urban development project that divided and organised land in undeveloped areas and returned the remaining land to the existing owners, except for land used for public facilities such as roads, parks, and schools.

[16]   View of Banpo and Nonhyeon-dong in 1981

CRITIQUE

도시의 일상 회복을 향한 노력
경계의 건축

글　임형남　가온건축 대표,
　　　　　　새건축사협의회 회장

임형남은 서울에서 태어났고 홍익대학교 건축학과를 졸업했다.
1998년 가온건축을 설립·운영하고 있으며 현재 새건축사협의회
회장을 맡고 있다. 25년간 금산주택, 산조의 집, 루치아의 뜰,
강촌 제따와나선원 등 다양한 규모와 용도의 프로젝트를 수행했다.

[17]

표상

건축은 그 시대의 삶과 정신을 투영한다. 이를테면 그 시대의 표상으로 기능하는 것이다. 그렇다면 건축에 반영되는 21세기의 삶과 정신은 어떠한가? 20세기 모더니즘의 정신과 실험은 1980년대를 지나면서 다소 희화화된 표상으로 바뀌었다. 좋은 건축을 만드는 것이 아니라 대중의 심리를 파고들고 유인하는 화려한 광고판처럼 공간은 가벼워지고 형태는 비틀어지기 시작했다. 마치 장바닥에서 벌어지는 화려한 서커스처럼 눈길을 끄는 경쟁으로 건축의 본질이 바뀌었다. 이 시대의 건축은 가볍게 소비되고 정신은 사라졌다. 그리고 사라진 건축 위로 새로운 가벼움이 빠르게 다시 쌓인다.

뉴욕에 처음 방문했을 때의 감상이 떠오른다. 뉴욕이라는 도시는 현대 자본주의의 상징과도 같은 장소이며 세계의 중심이라는 데 아무도 이의를 제기하지 않을 것이다. 무척 기대가 컸고 보아야 할 건물 목록까지 잔뜩 준비해 갔다. 그러나 그곳에서 직접 만져본 것들, 후각에 스며든 냄새, 눈으로 보았던 풍경은 기대와 사뭇 달랐다. 오래된 지하철과 낡고 높은 건물들, 일찍 문을 닫는 스타벅스 매장, 이리저리 물결처럼 떠밀려 다니는 무수한 관광객들…. 사람이 사는 장소라기보다 임시로 만들어 놓은 세트장처럼 약간은 공허했다. 혹은 아주 오래된 영상물을 보는 것 같기도 하고, 물을 타 내준 음식처럼 심심했으며, 마치 바짝 마른 옥수수 같았다. 아주 의외였다.

그동안 사진과 영상을 통해 본 뉴욕의 이미지는 속도와 빛을 빠르게 조절하여 만들어 낸 왜곡된 이미지처럼, 음식점 쇼윈도에 식욕을 돋우려 내걸어 만든 모형 음식 같았다. 물론 짧은 기간 동안 머물며 한정된 장소에서 바라본 풍경으로 그 도시를 평가하는 것은 무척 위험하고 일반화할 수는 없는 일이지만, 자본의 논리로 사회가 움직이는 현대의 단면을 본 것 같았다.

[17] 논현동은 지난 50년 동안 단독주택 밀집 지역으로 유지되었지만, 최근 그 주택들이 사라지고 크고 작은 개발이 진행되고 있다. 조성욱은 이 가운데 건축의 현재성을 되물으며 도시의 새로운 풍경을 조용히 만들고 있다. 사진은 N8311의 저층부 모습.

그 와중에 특히 기억에 남는 것은 그렇게 색 바랜 초창기 컬러 사진과 같은 풍경 위로 상업주의의 극단을 보여주는 초고층 건물들이 불쑥불쑥 솟아오른 풍경이었다. 자본주의의 정점인 뉴욕에서 건축은 그렇게 소비되고 있었다. 두꺼운 페인트가 덕지덕지 칠해진 조악한 놀이공원의 시설물처럼 건축의 정신도, 아무런 주장도 없었다. 단지 눈에 띄고 싶다는 욕망과 소비해달라는 권유만 들릴 뿐이었다. 기대보다 슬픈 풍경이었고, 21세기 건축의 맨얼굴이었다. 그러나 비단 뉴욕만의 이야기가 아니다.

맨해튼만큼 각국의 건축가들이 모여 치열한 놀이판을 벌이는 모양새는 아니더라도 한국 건축의 사정도, 특히 서울도 별반 다르지 않다. 서울의 지리적 영역은 점점 확장하고 있다. 특히 한강 이남의 지역은 서울의 외곽에서 서울의 중심으로 빠르게 자리 잡고 있다. 그것은 불과 50년 동안 이루어진 일이며 그 발전의 속도와 양을 가늠할 수 없는 지경이다.

틈

보통 설계사무소 이름은 대표 건축가가 추구하는 건축이나 중요하게 다루는 가치의 표현이다. '조성욱건축'은 자신의 이름을 내걸었다. 어찌 보면 무척 고답적인 작명이지만, 자신감을 드러내는 것이기도 하고 무엇보다 건축에 대한 결의를 스스로 다짐하는 것이라고 생각한다. 조성욱건축은 목소리를 크게 내거나 미사여구를 동원하여 자신의 건축을 치장하지 않는다. 그러나 튼튼하다. 그는 당대라는 시간에 맞추려 하지도, 그렇다고 거부하지도 않으며, 그 시간이 자기 안으로 흘러 지나가게 한다. 아마 그것이 시대에 대한 그의 인식이며 건축가로서 기본자세일 것이다.

또한 그것은 삶에 대한 자세라고 생각한다. 건축가가 건물을 설계할 때 사용자의 프로그램을 반영하여 공간을 구성하는 것은, 단순히 칸을 나누고 땅을 구획하는 일 이상으로 자신의 시각을 입히고 생각을 덧입히는 작업이다. 사무실을 개항하고 10년이 넘도록 그는 자신만의 목소리를 잃지 않고 꾸준히 자기 틀을 세워 나가고 있다.

[18]   서로 다른 물질성이 교차하고 매스가 접하는 부분에서 조성욱의 재능이 발휘된다. 그의 건축은 이면도로의 풍경을 유화시키는데, 이질적인 요소의 충돌에 대한 해석이며 해결책이다. 그는 이런 틈을 세련된 건축적 어휘로 적절히 활용해 내부로 확장한다.

[18]

[19]

도시에 새로운 풍경을 조용히 만들고 있는 조성욱건축은 판교를 시작으로 그 작업 범위를 점점 넓히고 있다. 괄목할 만한 주거시설과 그를 바탕으로 한 다양한 시도가 있었다. 특히 이번 책에서 다루는 그의 건축은 도시 형상이 재편되는 강남 지역에 주로 자리 잡은 작업들이다.

강북의 구도심에서 확장된 서울의 변화는 강남역 주변과 테헤란로를 중심으로, 급격한 속도로 고층 건물이 들어선 대로변은 말할 것도 없고, 그 배후의 주택가까지 휩쓸었다. 단독주택이 급조된 동네가 1990년대로 들어서며 연립주택, 다세대주택 등으로 급격하게 치환되더니, 21세기로 넘어오자 그것들마저 다른 용도의 건물로 아주 빠르게 변하고 있다.

논현동, 역삼동은 경사가 심한 언덕 지형이다. 개발 전에는 작은 필지의 민가가 있었고, 그곳에 사는 주민들은 농사를 지었다. 그런 동네가 도시의 중심으로 변화되었다. 벼를 수확하고 채소를 길렀던 곳이 이제는 막대한 부가 생겨나는 장소가 된 것이다. 곰이 마늘과 쑥을 먹고 사람이 되었다는 단군신화보다 강남의 논밭이 금덩어리가 된 이야기가 우리에게는 더욱 감동적인 현대 신화인 것이다.

3공화국 시절 화려하게 펼쳐진 경제개발 계획으로 서울은 압축 성장을 이루었다. 그 시기에 반듯하게 구획한 땅 사이로 집을 채워 넣은 영동지역 개발은 부의 지형을 바꾸는 큰 계기가 되었다. 압구정동 인근이 아파트로 재개발되던 것에 비해, 논현-역삼동 지역은 단독주택 지역으로 개편되었다. 그 기간은 50년 동안 지속되었으나, 최근에는 다시 주택들이 사라지고 동네의 밀도를 높이는 개발이 진행되고 있다. 주거 공간이 다시 무언가를 생산하는 공간으로 변화하는 것이다. 마치 예전에 논과 밭처럼 말이다. 강남의 주거지역이 생산과 업무를 위한 장소로 치환되며 근린생활시설이라는 틈이 생겨났다. 근린생활시설은 주거지역 인근에 생활의 편의를 위한 시설들을 유치하기 위한 용도라는 개념에서 시작된 건축법상의 용도다. 상업시설이나

[19] N2203. 덩어리들이 만나는 틈은 시선을 열어주는 장치이자 외부공간으로 활용된다.

업무시설보다는 규모가 작지만, 도시의 발전 속도를 따라가지
못하는 건축법을 보완해 주는 완충장치의 역할을 해준다.
특히 서울이라는 도시는 여러 곳에 중심이 생기는 바람에 그에 맞는
시설에 대한 수요가 급격히 증가했다. 그러나 문제는 난개발의 위험을
안고 있다는 점이다. 지구단위계획이나 심의 등 난개발을 통제하려는
제도는 있지만, 인간의 욕망을 감당하기는 힘들다. 단순히 밀도를 높이기
위해 지어진 건축들은 비 온 다음 커가는 죽순처럼 다양한 표정과 색깔을
담고 서로 목청 높여 소리 지르듯 난립하고 있다. 그러나 조성욱건축은
그 안으로 들어가 목청은 낮추고 진지하게 건축의 현재성을 되묻는다.

경계의 건축

논현동이라는 동네에 조성욱건축의 목소리를
내기 시작한 첫 프로젝트는 N1021이다.
경사지고 반듯하게 구획된 대지에 덩어리들을
쌓아 올린다. 그 덩어리들은 대지의 속성과
건축을 규정짓는 법적 제한에 대한 해결책을
찾아 나간다. 우선 일조권 사선제한과 주차
그리고 그 안에서 생활하고 일하는 사람들을
고려한 프로그램으로 조율해 나간다.
일반주거지역은 상업지역과는 달리 일조권을
위한 높이 제한이 있다. 그래서 근린생활시설
대부분은 북쪽으로 경사면을 갖고 별다른
해결책을 찾지 못한 채, 고개를 갸웃하는
듯한 형태가 되어버린다. 그것은 마치 한국
근린생활시설 중 하나의 스타일처럼 굳어졌다.

N1021은 이런 단조로운 형태를 깨기 위해, 2개 층을 묶어 하나의 덩어리로
만들고, 그 덩어리들이 쌓이고 만나는 부분을 분절한다. 그 바탕 위에 미묘한
비례 조절과 재료의 변화가 덩어리의 적층으로 생기는 혼란스러움을
경감한다. 그리고 덩어리들이 만나는 틈은 시선을 열어주는 장치이자
외부공간으로 활용된다. 사선 건물의 단조로움과 적층으로 생기는
혼란이, 오히려 디자인 요소가 되어 틈은 건물의 핵심 디자인 요소가
된다. 비움과 채움의 반복을 통해, 밀도가 높아지는 건물의 답답함은
사라지고 붉은 벽돌로 이루어진 동네에 새로운 활기를 부여한다.
더구나 그 덩어리에는 색이 없다. 색이 없는 것이 아니라 무채색의 닫힌
면과 투명한 유리면으로 색을 자제한다. 거친 물성과 투과되는 물성의

[20]

[20] 논현동이라는 동네에 조성욱건축의 목소리를 내기 시작한 첫 프로젝트는 N1021이다. 경사지고 반듯하게 구획된 대지에 덩어리들을 쌓아 올린다. 그 덩어리들은 대지의 속성과 건축을 단조롭게 규정짓는 법적 제한에 대한 해결책을 흥미롭게 찾아 나간다.

[21]

대비는 오히려 어떤 색보다 화려하다. 그리고 기존 동네를 이루고 있는 건축적 환경과 충돌하지 않으면서 부드럽게 녹아든다. 이런 건축적 제스처는 이면도로의 풍경을 유화시킨다. 서로 다른 물질성이 교차하고 매스가 접하는 부분에서 건축가의 재능이 발휘된다. 건축의 디테일이란 결국 이질적인 요소의 충돌에 대한 해석이며 해결책이다. 조성욱건축은 그런 틈을 세련된 건축적 어휘로 적절히 활용해 내부로 확장한다.

견고한 다공성의 외부는 명확하게 건축의 한계를 증명하되, 그 안에는 자유로운 움직임을 부여한다. 다양하고 미려한 수직 동선(N910의 걸어 나가는 계단)과 공중에 떠 있는 동선(N8311의 프롬나드)이 그 예다. 수직, 수평의 동선 요소는 네모난 대지와 네모난 평면, 그리고 사방으로 인접한 주변의 건물들로 막혀버린 건축의 숨통을 트여주고 경계를 지운다. 새천년이 밝은지 어느새 20년이 훌쩍 넘었다. 그 사이 세상은 빠른 속도로 변했고 건축도 마찬가지다. 기술의 비약적인 발전은 이전에는 생각하지 못한 많은 변화와 진보를 이루어 냈다. 하지만 기술적인 진보가 반드시 건축의 진보를 뜻하는 것은 아니다. 오늘날 건축은 정신적인 면에서 오히려 이전보다 퇴보하였고, 심지어 자본과 개발 하수인의 역할로 왜소해진 느낌이다. 지금 우리의 건축은 아주 아슬아슬한 경계 위에서 무척 빠른 속도로 달리고 있다. 그 속도에 같이 올라타야 할지, 이런 환경 속에서 할 수 있는 일은 과연 무엇일지 건축가의 역할에 대해 많은 생각을 하게 된다. 이럴 때 중심을 잡고 자기 목소리를 내며 건축을 하는 것은 무척 어려운 일이다. 조성욱건축은 크거나 높지 않은 음성으로 천천히 자신의 건축을 구축하며, 도시의 변화에 반응하고 그 변화를 끌어가고 있다.

[21]   견고한 다공성의 외부는 명확하게 건축의 한계를 증명하되, 그 안에는 자유로운 움직임을 부여한다. N8311의 미려한 수직 동선과 공중에 떠 있는 프롬나드가 그 예다.

COMMITMENT TO THE RECOVERY OF URBAN DAILY LIFE—ARCHITECTURE OF BOUNDARIES

Lim Hyoungnam
Principal of Studio GAON, President of Korea Architects Institute

Lim Hyoungnam was born in Seoul and graduated from Hongik University, Department of Architecture. He founded and runs Studio GAON in 1998 and is currently the president of the Korea Architects Institute. Over the past 25 years, he has worked on projects of various scales and uses, including House in Geumsan, Sanjo House, Lucia's Earth, and Gangchon Jetavana Buddhist Temple.

THE REPRESENTATION
Architecture, as a sign of the times, is a representation of the life and spirit of its era. But what about the life and soul of the 21st century? How does it manifest in our architecture? Through the 1980s, the spirit and experimentation of 20th century modernism gave way to a somewhat caricatured representation. The spaces became lighter, and the forms began to twist, like colourful billboards, not to create exemplary architecture but to penetrate and entice the public's psychology. The nature of architecture has changed, with the competition for the most eye-catching architecture becoming like a colourful circus in the marketplace. People lightly consumed the architecture of this period, and the spirit was gone.
A new frivolity quickly builds up again over the vanished architecture. It reminds me of my first visit to New York. The city is a symbol of modern capitalism, and no one would argue that it is the centre of the world. I was very excited and had a long list of buildings to see. But the things I touched, the odours I smelled, and the sights I saw were not what I expected. Old subways, old tall buildings, Starbucks closing early, and countless tourists wandering around in waves…. It felt empty, like a temporary set rather than a place to live. Or it was like watching an ancient video, bland like flavourless food, or like dry corn on the cob. It was astonishing. The images of New York I have seen in photographs and videos are distorted images created by rapidly manipulating speed and light, like dummy food in a restaurant window to whet the appetite. Of course, it is perilous and impossible to generalise about a city based on a short stay and a limited view from a restricted place. Still, I saw a cross-section of a modern society driven by the logic of capital. Particularly memorable were the skyscrapers rising out of nowhere, representing the extremes of commercialism, over a landscape that looked like a faded early colour photograph. What I witnessed in New York was a city consumed by the height of capitalism. Its architecture had lost its spirit and significance, reduced to crude attractions with a thick coat of paint. All I could

see was a desire to be seen and an invitation to consume. It was a sadder scene than I had anticipated, a stark reminder of our responsibility to preserve the architectural spirit in the 21st century. But it is not just about New York. While Manhattan may not have the same fierce playground of international architects, the Korean architecture scene is no different, especially in Seoul. The geographical area of Seoul is expanding. The area along the Hangang River, in particular, is rapidly moving from the outskirts to the city centre. That was in just 50 years, and the pace and amount of progress are almost unfathomable.

THE GAP

The name of an architectural firm is often an expression of the architecture or values that the principal architects pursue. "JOHSUNGWOOK ARCHITECTS" has launched under his name. It is a very old-fashioned name, but I think it is also a statement of confidence and, most importantly, a commitment to architecture. JOHSUNGWOOK ARCHITECTS does not use loud voices or rhetoric to embellish his architecture. But it is robust. He does not try to fit into the time of the day, nor does he reject it; he allows it to flow into him. That may be his perception of the times and his default position as an architect.

It is also an attitude to life. When architects design a building, they create a space that reflects the user's programme. But it is more than just dividing a room and laying out a plot; it is about adding the architect's perspective and ideas. More than a decade after opening his office, he has not lost his voice and is steadily building his own framework.

Quietly creating new landscapes in the city, JOHSUNGWOOK ARCHITECTS is expanding the scope of its work, starting with the Pangyo area. There were remarkable dwellings and various attempts to build on them. His architecture, which is the subject of this publication, is primarily located in the Gangnam area, where the urban landscape is being reshaped.

Seoul's transformation from the old city centre of Gangbuk area has swept through the residential neighbourhoods around Gangnam Station and Teheran-ro, not to mention the boulevards behind them, rapidly becoming highrises. Neighbourhoods quickly built up with detached houses in the 1990s were rapidly replaced by townhouses and multi-family housing in the 21st century, and even those are changing very soon to other uses.

Nonhyeon-dong and Yeoksam-dong are hilly terrain with steep slopes. Before the development, there were small plots of private houses, and the people there farmed. That neighbourhood has been transformed into the heart of the city. Where rice was harvested and vegetables were grown, it has now become a place of immense wealth. The story of the rice fields of Gangnam being turned into gold has become a modern myth that moves us more than the myth of Dangun, the founding myth of Korea, where a bear ate garlic and wormwood and became a human. The lavish economic development plans of the Third Republic led to compressed growth in Seoul.

The development of the Yeongdong area, where houses were squeezed between plots of land, was a significant shift in wealth. While the Apgujeong-dong was redeveloped into apartments, the Nonhyeon and Yeoksam-dong were reorganised into detached housing areas. That period lasted for 50 years, but more recently, the houses have disappeared again, and development has been taking place to increase the density of the neighbourhood. It is about transforming a residential area into a place that produces something again, just like the rice paddies and fields of old times. As Gangnam's residential areas were replaced by places for production and work, a niche of neighbourhood living facilities emerged. Neighbourhood living facilities are a use under the Building Act, which originated from attracting facilities for the convenience of living near residential areas. While smaller than commercial or office buildings, they act as a buffer to compensate for building acts that have not kept up with the pace of urban development. Seoul, in particular, has seen the creation of several centres, and the demand for facilities to cater to them has increased dramatically. However, the problem is that it carries the risk of sprawling development. There are systems to control sprawl, such as district-level planning and review, but they cannot cope with human desire. Constructions built simply to increase density are rapidly rising, noisily mushroomed for space with various expressions and colours. However, JOHSUNGWOOK ARCHITECTS goes inside, lowers its voice and seriously questions the presentness of architecture.

ARCHITECTURE OF BOUNDARIES

N1021 was the first project to give voice to JOHSUNGWOOK ARCHITECTS in the Nonhyeon-dong area. It stacks the chunks on a sloping, evenly graded piece of land. The chunks find solutions to the legal restrictions that dictate the land's properties and architecture. First, they coordinate programmes that consider sunlight setbacks, parking, and the people living and working in the construction. Residential areas, unlike commercial ones, have height restrictions for access to sunlight. As a result, most of the neighbourhood living facilities slope toward the north and end up in a tilted shape without any practical solution. It has become stylised like one of those Korean neighbourhood living facilities.

To break up this monotony, N1021 bundles the two layers into a single mass and breaks them up where they stack and meet. Subtle proportioning and material variations mitigate the disorder of stacking chunks. The gap where the masses meet is used as a gaze-opening device and exterior space. The prosaism of a diagonal building and the chaos of stacking become design elements, and the gaps become key design elements of the building. Through the repetition of emptying and filling, the stuffiness of the increasingly dense building disappears, giving the red brick neighbourhood new life. Furthermore, the mass has no colour. It refrains from colour with neutral closed faces and clear glass faces, not colourless. The contrast between rough and transparent is more spectacular than any colour. And it blends seamlessly into the architectural landscape of the existing neighbourhood without clashing with it. These architectural gestures emulsify the landscape of the backside roads. It is where different materials intersect and masses meet that an architect's talent comes into play. Architectural details are, after all, interpretations and solutions to the clash of disparate elements. JOHSUNGWOOK ARCHITECTS appropriates these gaps with a sophisticated architectural vocabulary and extends them into the interior.

The solid, porous exterior demonstrates the limits of construction, while the interior allows for freedom of movement. Examples include a variety of beautiful vertical paths (the walk-out staircase in N910) and paths in mid-air (the promenade in N8311). Vertical and horizontal traffic elements give a windpipe and erase the boundaries of the architecture, which is blocked by the square site, square plan, and surrounding buildings on all sides. It has been over twenty years since the turn of the millennium. In the meantime, the world has changed rapidly, and architecture has changed a lot. The quantum leap in technology has brought about many changes and advancements that were previously unthinkable. However, technological advances do not always necessarily mean architectural advances. Today, architecture seems to have regressed in spirit, even dwarfed by its role as a servant of capital and development. Our architecture is running at a very high speed on a fragile line. It makes us consider the architect's role, whether one can keep up with the pace, and what one can do in this environment. It is not easy to stay centred and build with a voice in this situation. With a voice that is not loud or high-pitched, JOHSUNGWOOK ARCHITECTS is slowly building its own architecture, reacting to and driving changes in the city.

[17] As Gangnam's residential areas, Nonhyeon-dong was replaced by places for production and work, a niche of neighbourhood living facilities emerged. JOHSUNGWOOK ARCHITECTS goes inside, lowers its voice and seriously questions the presentness of architecture. The photo shows the lower floors of N8311.

[18] The contrast between rough and transparent is more spectacular than any colour. And it blends seamlessly into the architectural landscape of the existing neighbourhood without clashing with it. These architectural gestures emulsify the landscape of the backside roads. It is where different materials intersect and masses meet that an architect's talent comes into play.

[19] N2203. The gap where the masses meet is used as a gaze-opening device and exterior space.

[20] N1021 was the first project to give voice to JOHSUNGWOOK ARCHITECTS in the Nonhyeon-dong area. It stacks the chunks on a sloping, evenly graded piece of land. The chunks find solutions to the legal restrictions that dictate the land's properties and architecture.

[21] The solid, porous exterior demonstrates the limits of construction, while the interior allows for freedom of movement. Examples include a variety of beautiful vertical paths and paths in mid-air (the promenade in N8311).

PROJECT   프로젝트

N1021

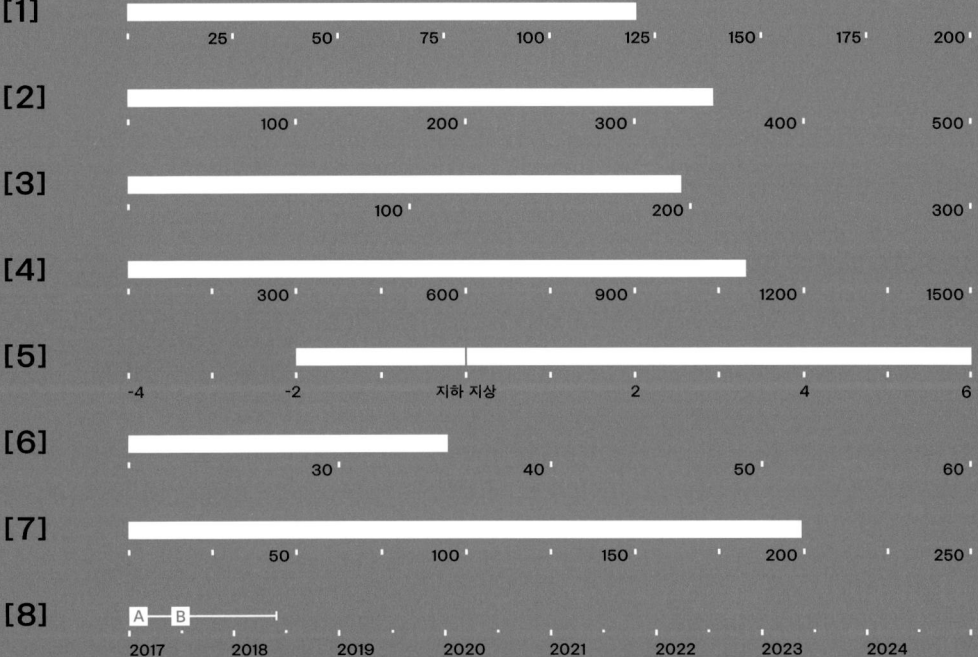

1 대지회복률(%) Land recovery ratio
2 대지면적(㎡) Site area
3 건축면적(㎡) Building area
4 연면적(㎡) Gross floor area
5 층수(지하/지상) Floor
6 건폐율(%) Building to land ratio
7 용적률(%) Floor area ratio
8 설계기간(A) Design period (A)
　 시공기간(B) Construction period (B)

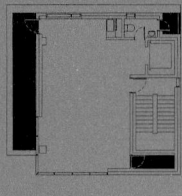
5F

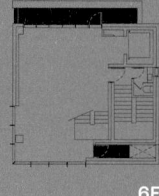
6F

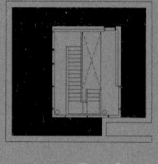
Rooftop

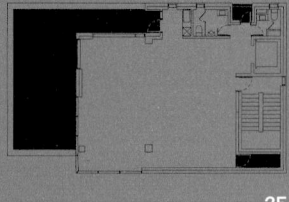
2F

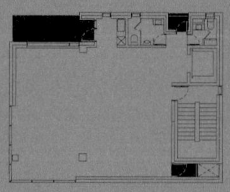
3F

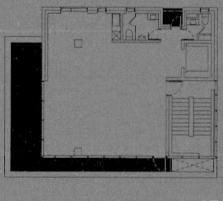
4F

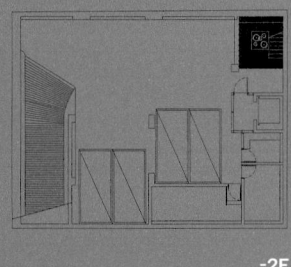
-2F

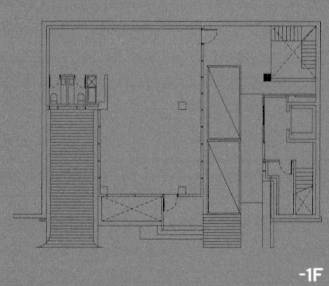
-1F

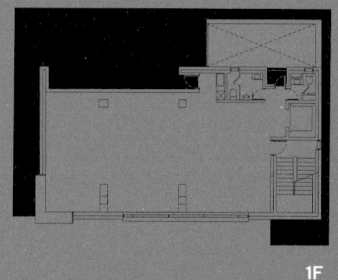
1F

■ 회복면적

PROJECT N1021

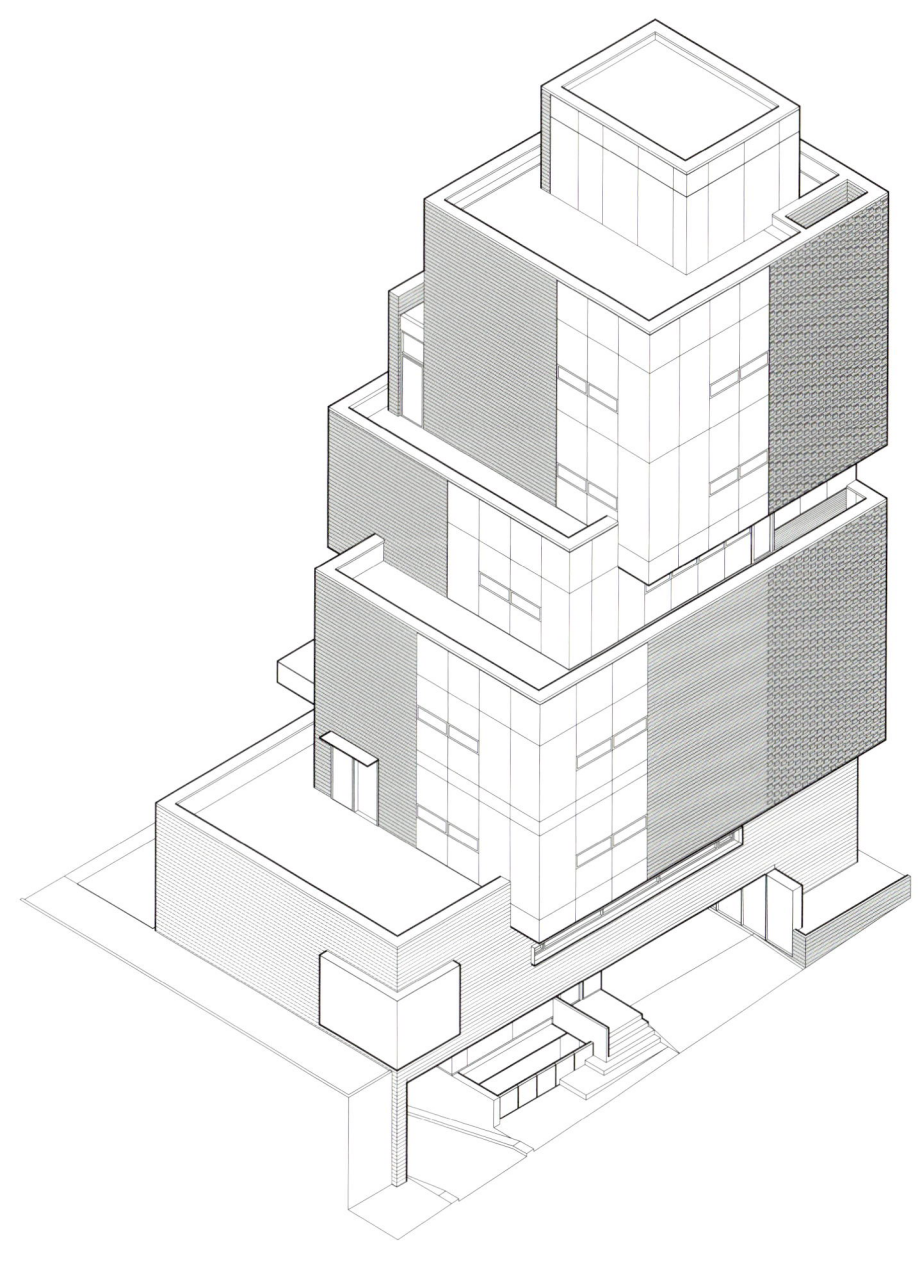

위치	서울특별시 강남구 논현로145길 40-6	설계	조성욱
용도	제2종근린생활시설, 제1종근린생활시설	설계담당	백선형
구조	철근콘크리트조	구조설계	터구조안전기술
외부마감	벽돌	시공	제이아키브
내부마감	콘크리트 노출	건축주	개인

N1021은 논현동의 지형 및 지역지구에 따른 법규, 인문학적인 지역 주거 환경을 건축적 매스로 재해석, 재조합하여 이 시대 도심 건축의 모습을 제안하는 프로젝트였다.

건축주는 단독주택과 다가구주택 등을 주로 작업해 오던 우리에게 주택의 감성이 담긴 근린생활시설 설계를 요청하였다. 사는 사람의 주관적 요소가 깊이 반영되는 주택 설계의 접근 방식으로 불특정 다수가 사용하는 근린생활시설을 계획하여 일반적이지 않으면서도 인간 중심의 업무 환경을 지닌 사무공간을 구현해 달라는 뜻이었다. 이 이색적인 요청이 훗날 조성욱건축사사무소가 논현동 일대에 근린생활시설 연작을 할 수 있게 한 초석 N1021을 만들었다.

대지는 주거지역에 해당했다. 상업지역과는 달리 주거지역은 일조 등의 확보를 위한 건축물 높이 제한(이하 일조권 높이제한)이 적용된다. 우리는 용적률 200% 전후의 근린생활시설이라면 일조권 규제로 형성될 수밖에 없는 3층 이상의 상부 테라스에 주목했다. 북사면의 대지라 일조권 높이제한을 온전히 받으므로 이를 오히려 설계의 포인트로 삼은 것이다. 이에 정북 방향에서 일조사선에 맞춰 층별로 후퇴된 건축선에 따라 계단식 형태를 계획했다. 대신 전형적인 계단식 형태를 탈피하기 위하여 바닥면적이 넓은 층을 제외하고 2개 층을 한 덩어리로 묶는 식으로 크게 분절했다. 이를 통해 전체 건물의 균형감을 만들 수 있었다. 매스 사이의 공간에는 크고 작은 테라스를 만들어 내외부 공간이 자연스럽게 이어지도록 했다.

주거지역에 근린생활시설을 계획할 때 공간의 최대 효율을 위해 흔히 지하에 상가를, 진입층에 필로티 주차장을 둔다. 하지만 우리는 도로에서 지하로 주차면 일부를 옮기고, 진입층을 유리 벽으로 마감해 실내가 환히 보이는 상가 공간을 뒀다. 덕분에 주차장 진입로도, 사용자 출입구도 스며든 빛으로 한층 생동감 있는 분위기가 연출되었다.

건물을 볼 때 줄지어 있는 차량이 있다면
흥미롭지 않을 것이라 생각했다. 그보다는
환대하는 분위기를 만들 장치가 필요했다.
이런 생각에서 지하로 주차면 일부를 옮기고,
진입층을 유리 벽으로 마감해 실내가 환히 보이는
상가 공간을 뒀다. 덕분에 주차장 진입로도,
사용자 출입구도 스며든 빛으로 한층 생동감
있는 분위기가 연출되었다.

전면도로의 고저 차가 약 1개 층 높이인 덕분에
도로와 마주한 층은 지상층 같지만 법적으로는
지하 1층에 해당한다. 후면 옹벽이 높지만 건물을
적당하게 이격한 터라 지하 중정까지 자연광이
잘 유입된다. 한편, 주거지역이기에 사무실과
주택 간에 시각적 차단도 잊지 않았다. 멀게는 한강,
가깝게는 골목을 볼 수 있는 북서쪽 코너에 큰 창을
내고, 그 외에는 창을 두지 않은 이유다. 또한 오래된
주택가의 특성을 고려해 주변과 조화롭게 어울리는
회색 벽돌을 2가지 톤으로 쌓아 외관을 완성하였다.

땅에 건축물이 앉으면서 손실된 면적은 건축물
위에서 새롭게 회복되어 사용자에게 돌아갔다.
건축주가 최선의 임대 조건이라 생각한 공간은
최상의 업무 환경이었는데, 그것을 우리는 일과
쉼을 조화롭게 누릴 수 있는 양질의 여유 공간이
충분한 사무실이라고 해석했다.

일조권 사선제한으로 인한 전형적인 계단형
매스에서 벗어나, 저층부의 넓은 바닥면적 층을
제외한 상부 2개 층을 하나의 매스로 묶어내 건물
전체의 균형감을 확보했다.

Location
40-6, Nonhyeon-ro 145-gil,
Gangnam-gu, Seoul, Korea

Program
Office, Commercial

Structure
Reinforced concrete

Exterior finishing
Brick

Interior finishing
Exposed concrete

Architect
Joh Sungwook

Design team
Paik Sunhyung

Structural engineer
Teo Structure

Construction
Jarchiv

Client
Individual

N1021 is a project that reinterprets the topography of Nonhyeon-dong, the laws and regulations of the local district, and the humanistic local environment into an architectural mass to propose the appearance of urban architecture in this era.

The client asked us to design a neighbourhood living facility with a residential ambience, as we had been working on detached and multi-family houses.
The idea was to create a new office space with a human-centred work environment by planning the neighbourhood living facilities like a house design that deeply reflects human subjectivity. This unusual request was the cornerstone of N1021, which would later become the foundation for JOHSUNGWOOK ARCHITECTS' creation of a series of neighbourhood facilities in Nonhyeon-dong.

The site was zoned residential. We focused on terraces due to height restrictions on sunlight access, which inevitably arise above the third floor in neighbourhood living facilities with a floor area ratio of around 200%. As the site is on the north slope, it is entirely subject to the height restriction on sunlight access, so this becomes a point of design. In response, we planned a stepped form according to the architectural line, which was retreated by the floor in line with the sunlight from the northeast direction. Instead, to break away from the typical staircase form, the two floors are grouped into a single mass, except for the floor with a large floor area. It allowed us to achieve a sense of balance for the entire building. Large and small terraces were designed in the spaces between the masses to create a natural transition between the interior and exterior spaces.

When planning a neighbourhood living facility in a residential area, retail is expected to be in the basement and piloti car parking on the entry level for space efficiency. However, we thought it would be uninteresting to see the building from the road with a line of cars. Rather, they needed a device that would create a welcoming atmosphere. So, we moved some of the parking underground and created a glass-walled retail space on the entry level that allowed the interior to be seen. The car park driveway and user entrances are now bathed in light, creating a more vibrant atmosphere.

The area lost as the building sits on the ground is regained above the building and returned to the user. The space the client considered the best lease was the best work environment, and we interpreted this as an office with enough high-quality free space to enjoy work and rest in harmony.

[p.75] We moved some of the parking underground and created a glass-walled retail space on the entry level that allowed the interior to be seen. The car park driveway and user entrances are now bathed in light, creating a more vibrant atmosphere.

[p.77] To break away from the typical staircase form, the two floors are grouped into a single mass, except for the floor with a large floor area. It allowed us to achieve a sense of balance for the entire building.

[p.83] Large and small terraces were designed in the spaces between the masses to create a natural transition between the interior and exterior spaces.

[pp.86–87] The area lost as the building sits on the ground is regained above the building and returned to the user. The space the client considered the best lease was the best work environment, and we interpreted this as an office with enough high-quality free space to enjoy work and rest in harmony.

매스 사이 공간에 크고 작은 테라스를
만들어 내외부 공간이 자연스럽게
이어지도록 했다.

PROJECT N1021

85

땅에 건축물이 앉으면서 손실된 면적은 건축물 위에서 새롭게 회복되어 사용자에게 돌아갔다. 건축주가 최선의 임대 조건이라 생각한 공간은 최상의 업무 환경이었는데, 그것을 우리는 일과 쉼을 조화롭게 누릴 수 있는 양질의 여유 공간이 충분한 사무실이라고 해석했다.

N781

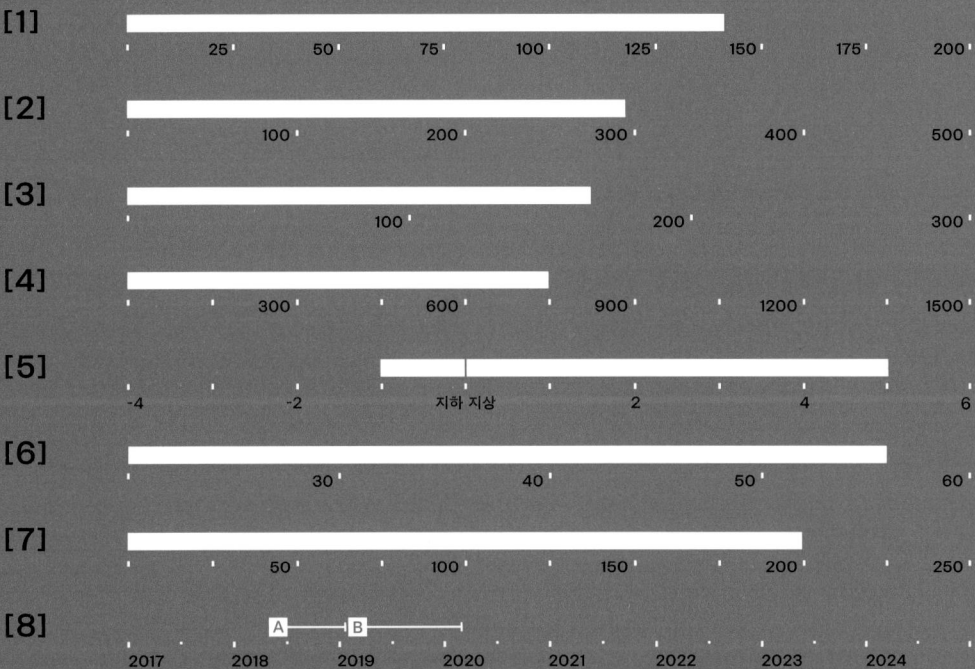

1 대지회복률(%) Land recovery ratio
2 대지면적(㎡) Site area
3 건축면적(㎡) Building area
4 연면적(㎡) Gross floor area
5 층수(지하/지상) Floor
6 건폐율(%) Building to land ratio
7 용적률(%) Floor area ratio
8 설계기간(A) Design period(A)
　　시공기간(B) Construction period(B)

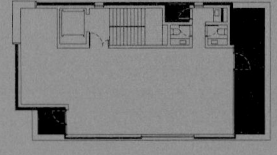
4F

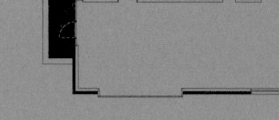
5F

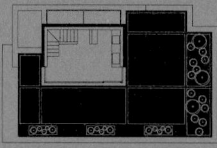
Rooftop

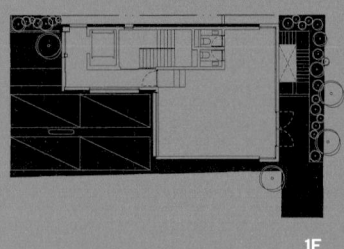
1F

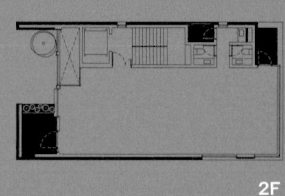
2F

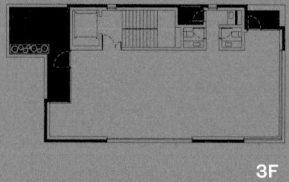
3F

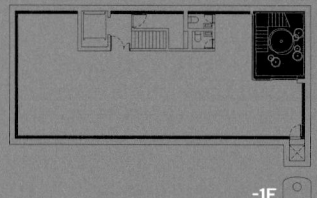
-1F

■ 회복면적

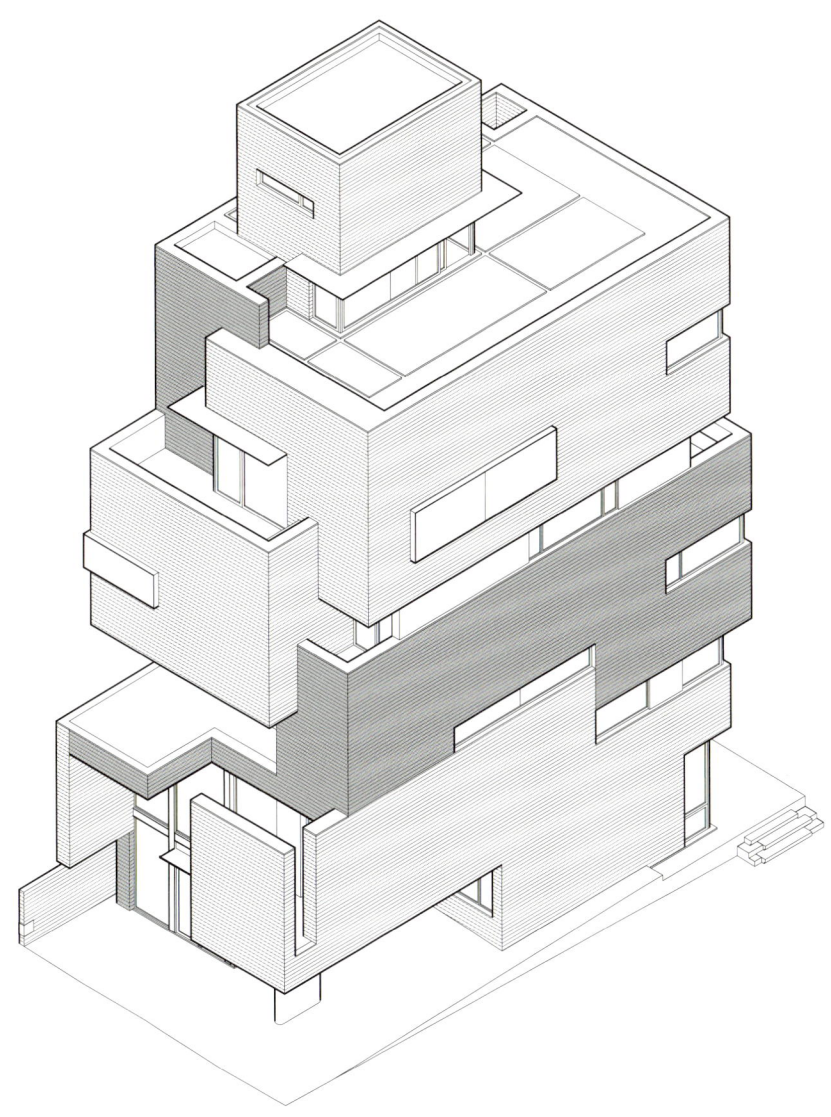

위치	서울특별시 강남구 논현로140길 30	설계	조성욱
용도	제2종근린생활시설	설계담당	김왕건
구조	철근콘크리트조	구조설계	터구조안전기술
외부마감	벽돌	시공	예지인
내부마감	콘크리트 노출	건축주	개인

강남구 논현동에서 사무실을 구하고 있는 기업이라면 대부분 스튜디오, 광고, 패션, 엔터테인먼트 등 독창성이 중요한 콘텐츠 사업과 관련 있을 가능성이 높다. 도산공원 주변에 스민 대기업의 플래그십 스토어 문화가 신사동, 압구정동에 이어 논현동까지 영향을 주어 다양한 문화 콘텐츠 유입으로 이어지고 있기 때문이다. 역시나 이런 지역 분위기를 감지하고 있던 건축주는 첫 회의 자리에서 유일한 요구사항으로 이런 말을 전했다. "창의적인 아이디어가 떠오를 수 있는 공간을 만들어 주세요."

창의적인 아이디어가 떠오를 수 있는 공간이란 무엇일까? 창의적인 생각은 늘 루틴대로 앉아 있는 책상 앞보다는 예상 밖의 상황에서 마주할 때가 많다. 동료들과 둘러앉아 나누는 가벼운 수다, 차 한 잔을 들고 창가를 서성이는 사색의 시간이 바로 그렇다. 그러나 일반 사무실을 보면 이런 활동이 일어날 만한 곳이 거의 없다. 대게 휴식공간은 외부, 즉 건물 옥상이나 1층 로비 바깥에 있다. 하지만 옥상은 흡연자의 전유물이 된 지 오래고 1층 밖으로 나가기에는 뭔가 어수선하다. 층별로 다른 사업체가 있는 경우라면 공용부에 쉼터나 테라스가 있더라도 온전히 즐기기 어렵다.

이에 N781을 설계할 때 각 층에 자유롭게 접근할 수 있는 휴식공간을 배치하는 것을 주안점으로 삼았다. 그랬을 때 아무래도 연면적에 포함되는 실내보다 외부로 계획하는 것이 합리적이었고, 자연스레 테라스란 건축 요소에 눈이 갔다. 폭, 길이, 방향을 제각각 달리한다면 건물은 입체적인 입면을 가질 수 있다. 주변의 개성 있는 문화 콘텐츠와 N781의 사용자와 방문자의 관심사까지 의식하여 실내공간 또한 각기 다른 크기와 특징을 띠게 한다면 공간의 아이덴티티도 강화될 것이었다.

N781의 대지는 남북으로 긴 형상인데 독특한 조건을 가지고 있다. 북쪽 도로 외에도 남쪽에 가느다란 진입로가 서쪽으로 나 있는 것이다. 도로가 북쪽에 있어 일조권 높이제한 영향은 거의 받지 않았다.

N781을 설계할 때 각 층에 자유롭게 접근할 수 있는 휴식공간을 배치하는 것을 주안점으로 삼았다. 그랬을 때 연면적에 포함되는 실내보다 외부로 계획하는 것이 합리적이었고, 자연스레 테라스란 건축 요소에 눈이 갔다.

대신 주차장을 확보하는 일이 중요했다. 논현동에는 이와 유사한 생김새의 땅이 종종 있는데, 대부분 1층 전체를 필로티 주차장으로 계획해 주차대수 6대를 확보한다. 하지만 우리는 북쪽 도로 면으로 4대를, 서측 도로 면으로 2대를 계획하여 지상 1층의 로비와 남쪽 성큰 가든 영역을 확보했다. 또한, 남북으로 길게 뻗은 묵직한 매스들을 1개 층 또는 2개 층씩 엇갈리게 배치해 층별로 공간감을 다르게 구성했다. 입면 계획에 있어서도 상대적으로 여유 공간이 적은 동서측 구조 벽체는 거의 같은 폭을 유지하며 정리하되, 남북측 벽체는 매스별로 마감재의 소재나 색을 달리하여 입체감을 만들었다. 매스가 엇갈리는 부분은 야외 테라스가 되어 내부공간과 어우러지며 쾌적한 업무환경에 기여한다. 북쪽을 바라보고 난 건물 로비는 최소한의 면적으로 최대한의 공간감을 갖도록 했다. 약 2개 층 높이로 만들어 개방감이 좋고, 2-3층 테라스와 연결해 입체감이 있다. 실내에는 층별 여건에 따라 가로로 긴 창을 다양하게 두었다. 창은 사생활 보호 기능과 동시에 채광을 확보하고 공간이 넓게 느껴지도록 한다.

임대 시 지하 1층은 스튜디오 수요가 높을 것으로 예상했다. 이에 남쪽 외부 계단 옆에 성큰 가든을 계획해 자연광이 깊숙하게 들어가도록 했다. 외부 계단과 성큰 가든, 그리고 높은 층고는 자칫 지루할 수도 있는 지하 1층의 풍경을 다채롭게 만든다. 마지막으로, 조경 디자인을 한 옥상 테라스는 고밀도 도심에서 시원한 개방감을 느끼게 하는 외부공간으로 역할을 할 것이다.

일과 삶의 균형을 쫓는 시대에 업무환경의 쾌적성은 주거환경만큼 중요하게 다뤄지고 있다. 우리가 실내공간 최대 확보라는 필요에서 더 나아가 내외부 공간을 조화로우면서도 입체적으로 만들어 내는 데에 힘을 쏟은 이유다. N781은 내부 못지않게 중요하게 계획된 외부 휴식공간으로 업무환경의 질을 높이고, 생동감 있는 입면으로 도시 미관에 새로운 자극을 주고 있다.

남북으로 길게 뻗은 묵직한 매스들을 1개 층 또는 2개 층씩 엇갈리게 배치해 층별로 공간감을 다르게 구성했다. 매스가 엇갈리는 부분은 야외 테라스가 되어 내부공간과 어우러지며 쾌적한 업무환경에 기여한다.

Location
30, Nonhyeon-ro 140-gil,
Gangnam-gu, Seoul, Korea

Program
Office, Commercial

Structure
Reinforced concrete

Exterior finishing
Brick

Interior finishing
Exposed concrete

Architect
Joh Sungwook

Design team
Kim Wanggeon

Structural engineer
Teo Structure

Construction
Yeziin Construction

Client
Individual

Most companies looking for office space in Nonhyeon-dong will likely be creative content companies, such as studios, advertising, fashion, and entertainment. Sensing the neighbourhood's vibe, the client asked during the first meeting to design a space where creative ideas can flow. Creative thinking often happens in unexpected situations rather than in front of a desk. A light chat with colleagues or a moment of reflection while lingering by the window with a cup of tea are just such moments. However, in a typical office, there are few places where these activities are likely to occur. The resting areas are usually outside, but smokers have long since occupied the rooftop, and it is a bit cluttered to venture beyond the ground floor.

When designing the N781, we prioritised placing freely accessible rest areas on each floor. It made sense to plan it outside rather than indoors, where it would be included in the gross floor area, and naturally, the architectural element of a terrace came to mind. A building can have a three-dimensional elevation by varying the width, length, and orientation. Considering the unique cultural contents of the surroundings and the interests of N781's users and visitors, it would have strengthened the space's identity if the interior spaces were also different in size and character.

Securing parking was also crucial to N781. In Nonhyeon-dong, the entire first floor is usually planned as a piloti parking lot to secure six parking spaces. However, we planned four spaces on the north roadside and two on the west roadside, freeing up the ground floor lobby and the sunken garden area to the south. In addition, the sense of space is different for each floor by staggering the heavy masses that extend north and south by one or two floors. The intersection of the masses becomes an outdoor terrace, which blends in with the interior space and contributes to a pleasant working environment. The interior has a variety of long horizontal windows depending on the conditions on each floor. Windows provide privacy while letting in light and making the room feel spacious.

In the work-life balance age, the workplace's comfort is as crucial as a home. It is why we go beyond the need to maximise interior space to design harmonious and complex interiors and exteriors.

[p.93] When designing the N781, we prioritised placing freely accessible rest areas on each floor. It made sense to plan it outside rather than indoors, where it would be included in the gross floor area, and naturally, the architectural element of a terrace came to mind.

[p.95] The intersection of the masses becomes an outdoor terrace, which blends in with the interior space and contributes to a pleasant working environment.

[p.98] Securing parking was also crucial to N781. In Nonhyeon-dong, the entire first floor is usually planned as a piloti parking lot to secure six parking spaces. However, we planned four spaces on the north roadside and two on the west roadside, freeing up the ground floor lobby and the sunken garden area to the south. In addition, the sense of space is different for each floor by staggering the heavy masses that extend north and south by one or two floors.

[p.99] The interior has a variety of long horizontal windows depending on the conditions on each floor. Windows provide privacy while letting in light and making the room feel spacious.

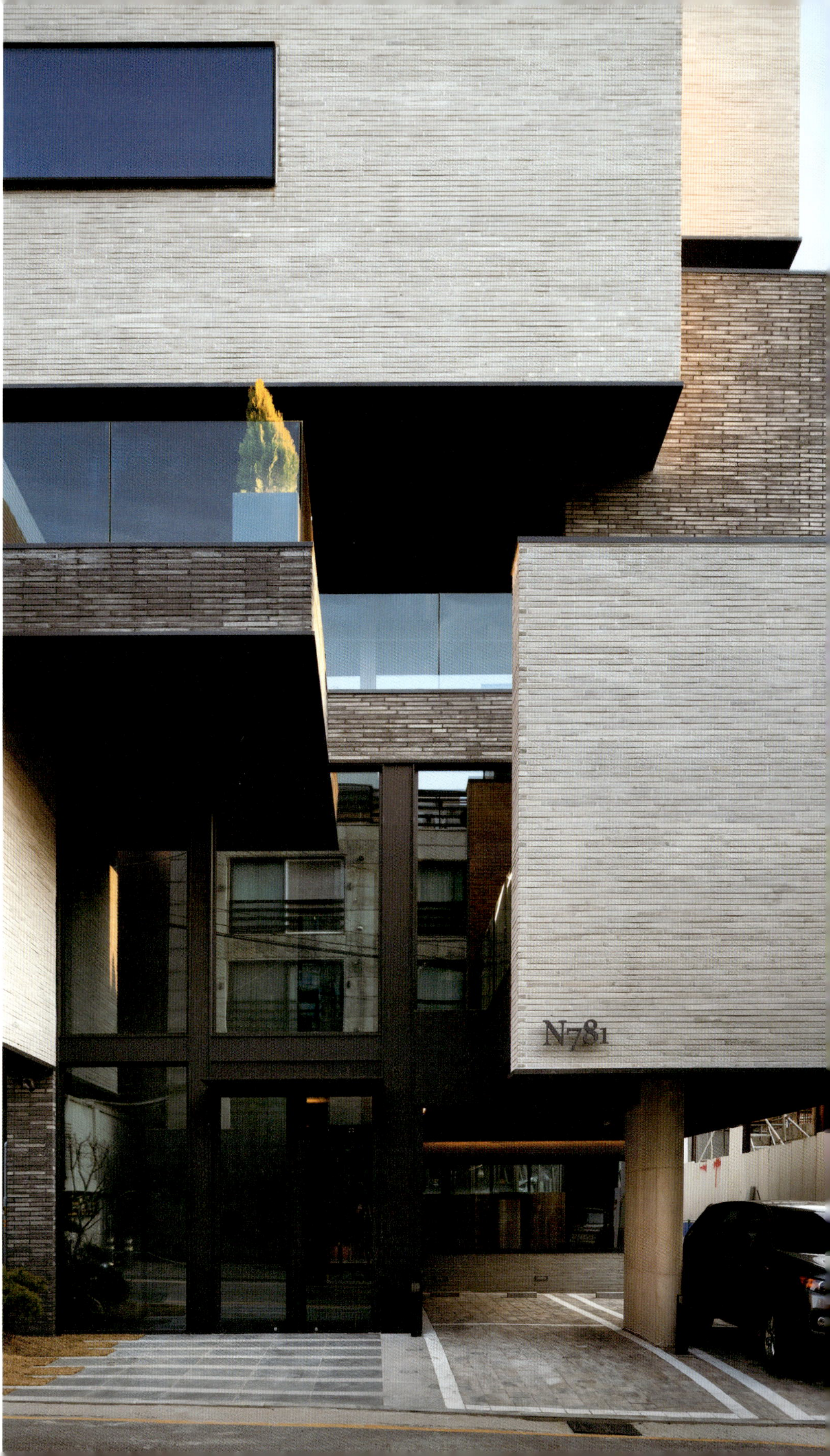
N781

←
N781 설계에 있어 주차장을 확보하는 일이 중요했다. 논현동에서는 보통 1층 전체를 필로티 주차장으로 계획해 주차대수 6대를 확보한다. 하지만 우리는 북쪽 도로 면으로 4대를, 서측 도로 면으로 2대를 계획하여 지상 1층의 로비와 남쪽 선큰 가든 영역을 확보했다.

↑
실내에는 층별 여건에 따라 가로로 긴 창을 다양하게 두었다. 창은 사생활 보호 기능과 동시에 채광을 확보하고 공간이 넓게 느껴지도록 한다.

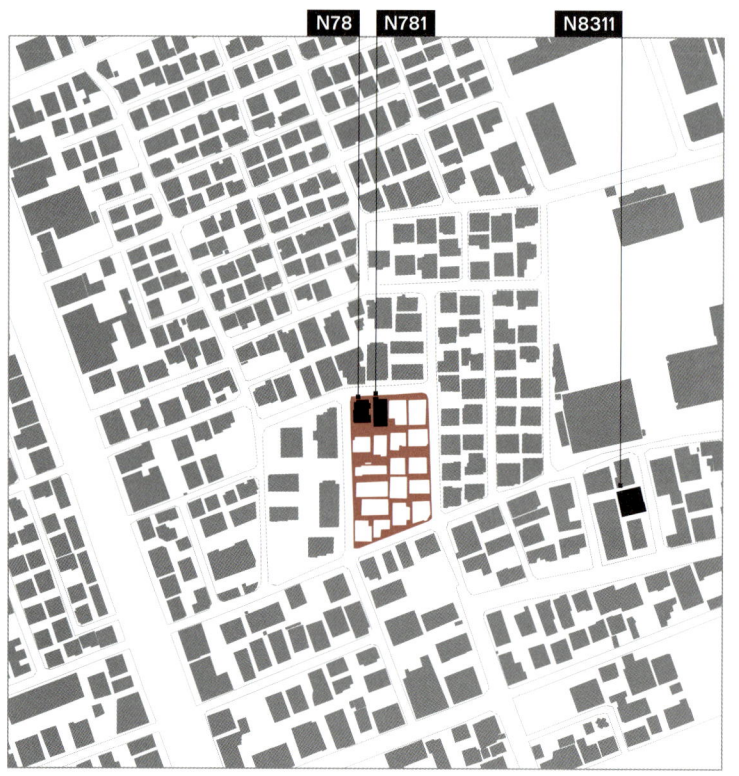

N78

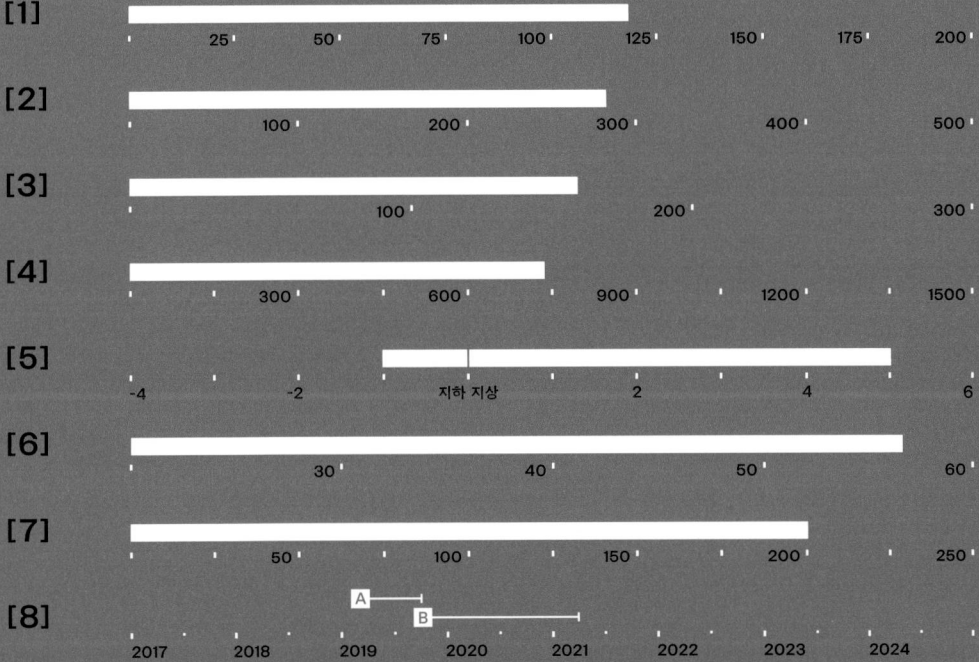

1 대지회복률(%) Land recovery ratio
2 대지면적(㎡) Site area
3 건축면적(㎡) Building area
4 연면적(㎡) Gross floor area
5 층수(지하/지상) Floor
6 건폐율(%) Building to land ratio
7 용적률(%) Floor area ratio
8 설계기간(A) Design period(A)
   시공기간(B) Construction period(B)

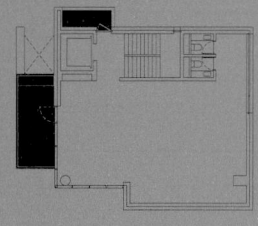
4F

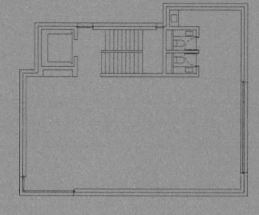
5F

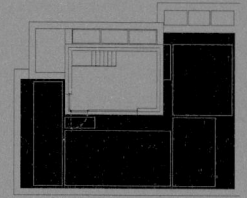
Rooftop

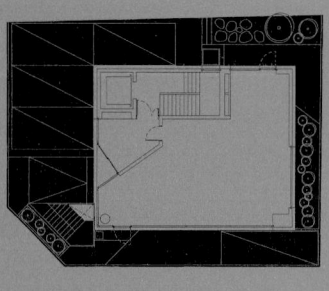
1F

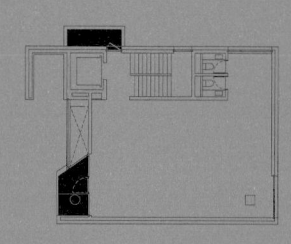
2F

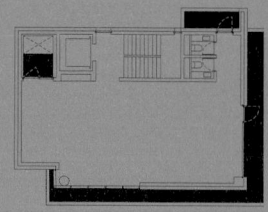
3F

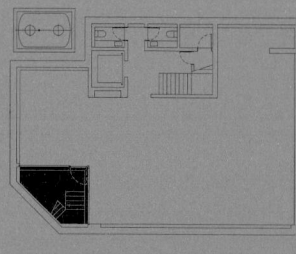
-1F

■ 회복면적

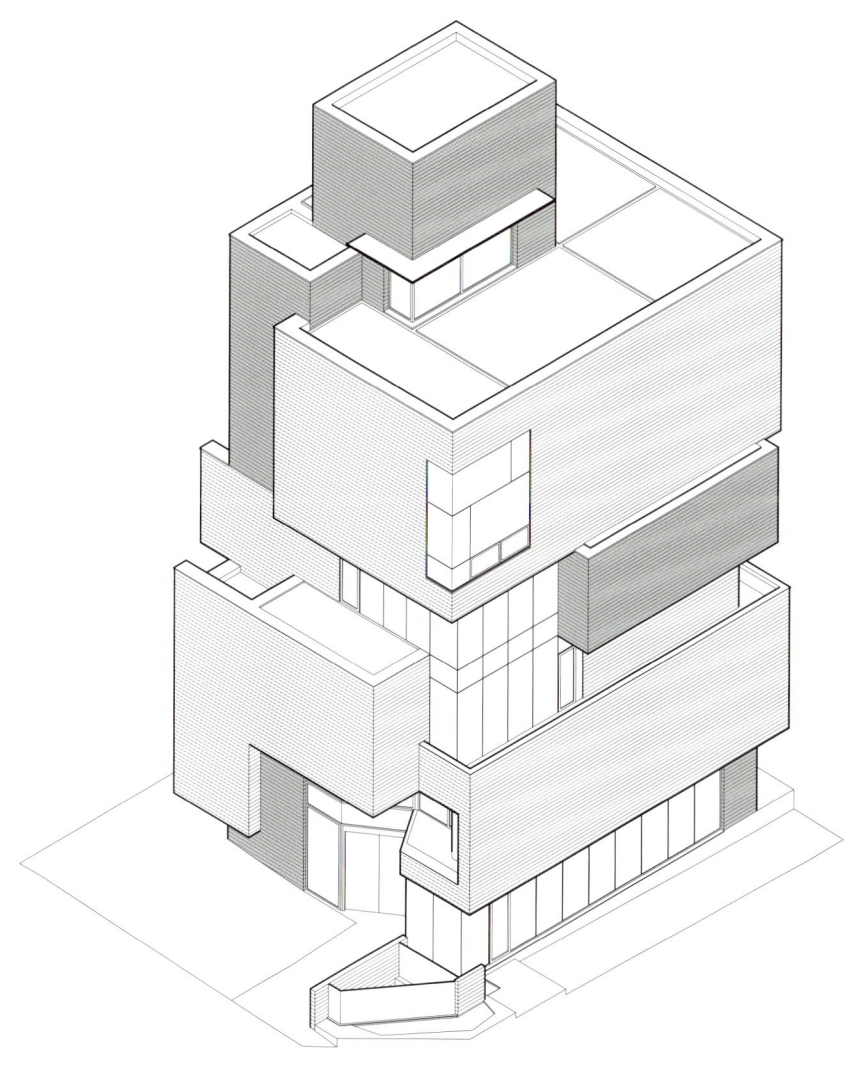

위치	서울특별시 강남구 논현로140길 28	설계	조성욱
용도	제2종근린생활시설	설계담당	김왕건, 양형원
구조	철근콘크리트조	구조설계	터구조안전기술
외부마감	벽돌	시공	예지인
내부마감	콘크리트 노출	건축주	(주)욱은

논현동의 일반주거지역에 기존의 다세대주택 대신 새로운 용도에 대한 수요가 등장했다. IT·광고·디자인 등 경제, 사회의 변화를 선도하는 회사들이 업무공간을 찾아 나서고 있는 것이다. 이 회사들의 공통점이라면 구성원의 나이대가 젊은 편이다. 기존의 무미건조한 사무실에서 벗어나 회사의 아이덴티티를 드러낼 수 있는 개성 있는 공간을 원한다. N78은 이러한 젊은 회사를 입주자 타깃으로 설정하며 설계에 착수했다. 그러므로 내외부에서 사람들의 소통을 끌어낼 수 있는 업무공간 구현이 이 프로젝트의 과제라고 할 수 있다.

우리는 발코니나 베란다에 서서 바람을 쐬며 동료끼리 대화하고 휴식하는 모습을 상상했다. 창에 어른거리는 논현동의 상점들, 골목을 오가는 주민들을 바라보며 새로운 아이디어를 얻는 모습도 꿈꿨다. 실내 역시 다양한 층고와 깊이감을 가져 거주자의 유연하고 창의적인 사고를 일으키기를 바랐다. 발코니와 베란다, 옥상 등은 바닥면적에 포함되지 않으므로 용적률 제약에서 자유롭다. 게다가 매스를 엇갈리게 놓았을 때 상부에 생기는 베란다는 일반주거지역에서 한 건물이 지나치게 비대해 보이지 않도록 하는 효과도 있다. 그러므로 이런 요소를 효과적으로 다룬다면 소통하기 좋고 창의적인 업무공간을 구현할 수 있을 것이라 생각했다.

N78은 4면이 모두 드러난다. 서쪽과 북쪽에 도로가, 남쪽에 N781의 주차장이 있고, 동쪽에는 일조권으로 인한 건축선 이격이 작용됐다. 이 때문에 건물의 각 코너의 입체감을 살리면서 실내에는 평면 효율성이 있는 매스와 그 적절한 비례감을 여러 차례 만들어 보았다.

N78의 주변에는 다세대주택이 많다. 즉, 주택 사이에 낀 업무공간인 것이다. 이때 설계자는 창호 계획 시 주변 건물로 시선이 닿지 않게끔 신경 써야 한다.

N78의 주변에는 다세대주택이 많다. 즉, 주택 사이에 낀 업무공간인 것이다. 이때 설계자는 창호 계획 시 주변 건물로 시선이 닿지 않게끔 신경 써야 한다. 우리는 좁은 이격 거리로 인한 이웃과의 마찰을 방지할 수 있도록 입면을 계획하는 한편, 충분한 채광을 위해 창을 키우는 대신 엇갈린 매스의 틈에 천창을 만들었다.

실내 층고를 최대한 높이기 위해 천장 면을 별도로 마감하지 않았다. 대신 각종 설비 배관의 노출을 피하고자 구조체에 미리 슬리브관을 계획해 시공했다. 기준층의 층고는 3.6m이지만, 지하 1층과 최상층인 지상 5층은 5m 이상으로 계획해 높은 층고가 필요한 업무에도 대응할 수 있도록 했다. 지하층의 북서쪽 모서리에는 성큰 가든을 계획해 자연광을 깊숙이 실내로 끌어들였다.

발코니와 베란다, 옥상 등은 바닥면적에 포함되지 않으므로 용적률 제약에서 자유롭다. 게다가 매스를 엇갈리게 놓았을 때 상부에 생기는 베란다는 일반주거지역에서 한 건물이 지나치게 비대해 보이지 않도록 하는 효과도 있다.

Location
28, Nonhyeon-ro 140-gil,
Gangnam-gu, Seoul, Korea

Program
Office, Commercial

Structure
Reinforced concrete

Exterior finishing
Brick

Interior finishing
Exposed concrete

Architect
Joh Sungwook

Design team
Kim Wanggeon
Yang Hyeongwon

Structural engineer
Teo Structure

Construction
Yeziin Construction

Client
Wookeun

A new demand for multi-family housing has emerged in the general residential area of Nonhyeon-dong. Companies leading economic and social change, such as IT, advertising, and design, are looking for workspaces. What these companies have in common is a younger workforce. They want a unique space that reflects the company's identity and breaks away from the traditional bland office. N78 was designed with these young companies in mind as tenant targets. Therefore, the challenge of this project is to create a workspace that engages people internally and externally.

We dreamt of people standing on a balcony or veranda, getting fresh air, chatting with colleagues and relaxing. We also imagined people getting new ideas by looking at the reflections in the windows of the shops in Nonhyeon-dong and the people coming and going in the alleyways. The interiors were also designed with varying levels and depths to encourage flexible and creative thinking by the occupants. Balconies, verandas, and rooftops do not count toward floor space, so the building is free from floor area ratio constraints. In addition, he veranda created at the top when the masses are crossed prevents a building from appearing overly large in a residential neighbourhood.

The N78 is exposed on all four sides. There are roads to the west and north, the N781 parking lot to the south, and the separation of building lines due to solar access to the east. For this reason, we tried to create a sense of three-dimensionality in each corner of the building while creating planar efficient masses and appropriate proportions in the interior. There are many multi-family houses along N78. It means that workspaces are sandwiched between houses.

When planning windows, designers should take care to avoid overlooking neighbouring buildings. We planned the elevations to avoid trouble with neighbours due to the narrow separation distance. Instead of increasing the size of the windows to ensure sufficient light, we created skylights in the gaps in the staggered massing.

The ceiling surface was not finished separately to increase the indoor floor height as much as possible. The base floor is 3.6m high, but the basement and top fifth floors are planned to be more than 5m high to accommodate businesses that require higher floors. A sunken garden was planned for the northwest corner of the basement level to bring natural light deep into the space.

[p.107] There are many multi-family houses along N78. It means that workspaces are sandwiched between houses. When planning windows, designers should take care to avoid overlooking neighbouring buildings.

[p.109] Balconies, verandas, and rooftops do not count toward floor space, so the building is free from floor area ratio constraints. In addition, the veranda created at the top when the masses are crossed prevents a building from appearing overly large in a residential neighbourhood.

[p.112] The N78 is exposed on all four sides. There are roads to the west and north, the N781 parking lot to the south, and the separation of building lines due to solar access to the east. For this reason, we tried to create a sense of three-dimensionality in each corner of the building while creating planar efficient masses and appropriate proportions in the interior.

[p.113] We dreamt of people standing on a balcony or veranda, getting fresh air, chatting with colleagues and relaxing. We also imagined people getting new ideas by looking at the reflections in the windows of the shops in Nonhyeon-dong and the people coming and going in the alleyways.

[pp.114–115] The ceiling surface was not finished separately to increase the indoor floor height as much as possible. The base floor is 3.6m high, but the basement and top fifth floors are planned to be more than 5m high to accommodate businesses that require higher floors. A sunken garden was planned for the northwest corner of the basement level to bring natural light deep into the space.

←
N78은 4면이 모두 드러난다. 서쪽과 북쪽에 도로가, 남쪽에 N781의 주차장이 있고, 동쪽에는 일조권으로 인한 건축선 이격이 작용했다. 이 때문에 건물의 각 코너의 입체감을 살리면서 실내에는 평면 효율성이 있는 매스와 그 적절한 비례감을 여러 차례 만들어 보았다.

↑
우리는 발코니나 베란다에 서서 바람을 쐬며 동료끼리 대화하고 휴식하는 모습을 상상했다. 창에 어른거리는 논현동의 상점들, 골목을 오가는 주민들을 바라보며 새로운 아이디어를 얻는 모습도 꿈꿨다.

실내 층고를 최대한 높이기 위해 천장 면을 별도로 마감하지 않았다. 기준층의 층고는 3.6m이지만, 지하 1층과 최상층인 지상 5층은 5m 이상으로 계획해 높은 층고가 필요한 업무에도 대응할 수 있도록 했다. 지하층의 북서쪽 모서리에는 선큰 가든을 계획해 자연광을 깊숙이 실내로 끌어들였다.

N122

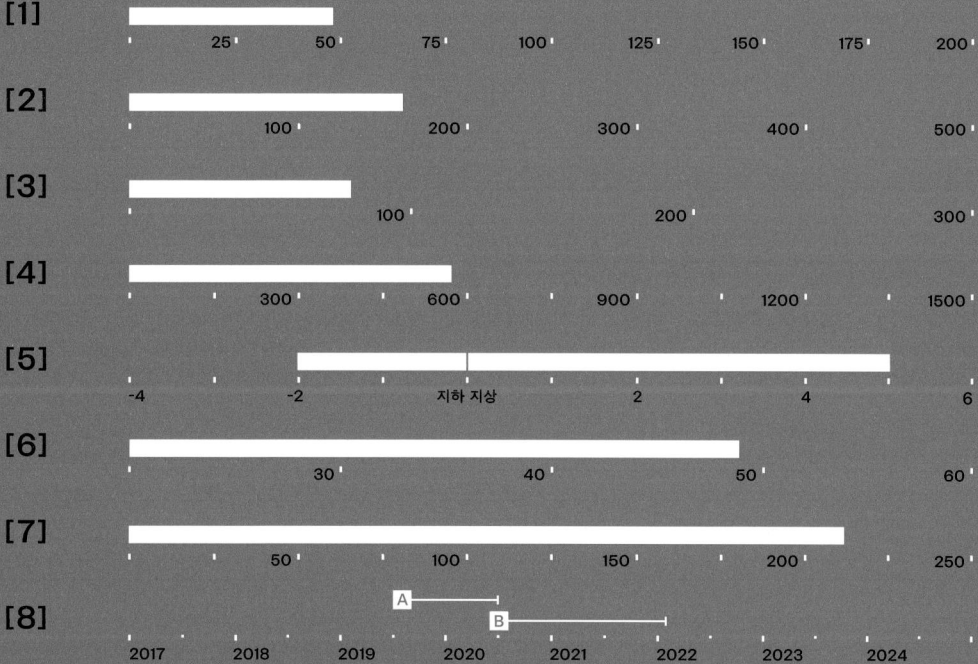

1. 대지회복률(%) Land recovery ratio
2. 대지면적(㎡) Site area
3. 건축면적(㎡) Building area
4. 연면적(㎡) Gross floor area
5. 층수(지하/지상) Floor
6. 건폐율(%) Building to land ratio
7. 용적률(%) Floor area ratio
8. 설계기간(A) Design period (A)
   시공기간(B) Construction period (B)

■ 회복면적

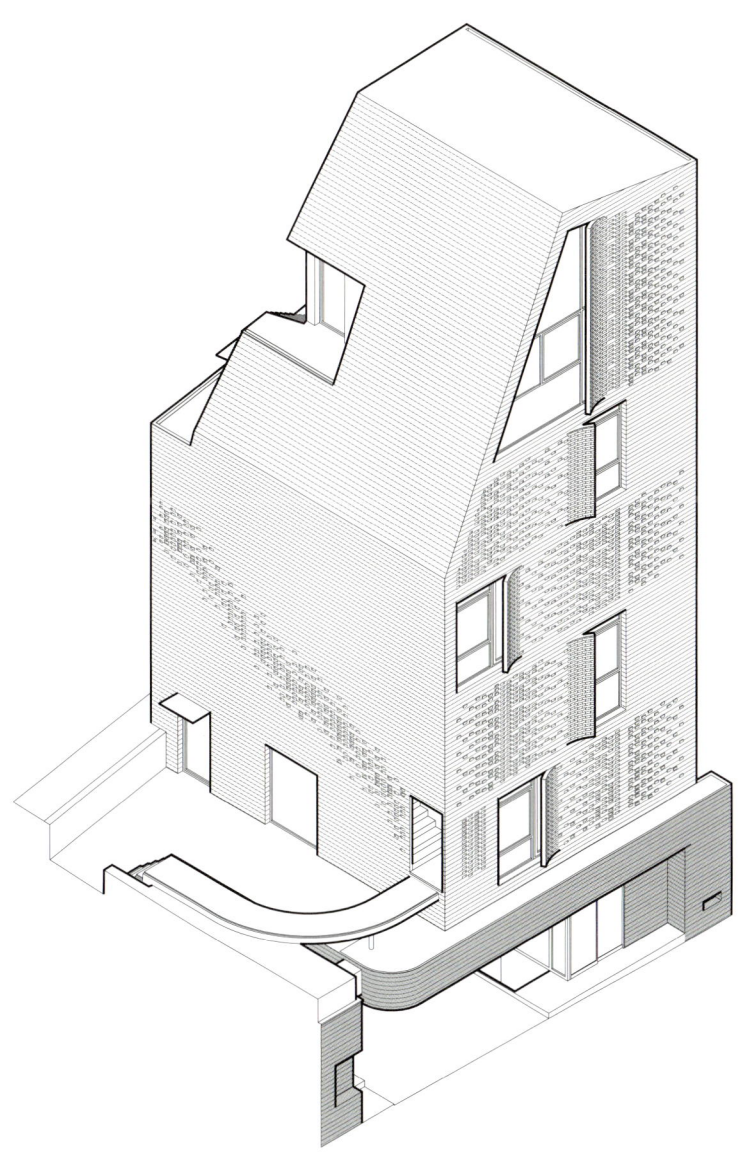

위치	서울특별시 강남구 학동로6길 6-9
용도	제2종근린생활시설
구조	철근콘크리트조
외부마감	벽돌
내부마감	콘크리트 노출

설계	조성욱
설계담당	강선환
구조설계	센구조연구소
시공	예지인
건축주	개인

이곳 대지는 논현가구거리 안쪽의 막다른 도로와 접해 있다. 50평이 채 되지 않고, 후면과 좌측면은 일조권 높이제한을 받는 터라 태생적으로 지닌 법적 최대 용적률을 다 채우기에 어려운 여건이었다. 이에 우리는 단순히 숫자상의 최대 용적률을 추구하기보다 형태를 거듭 연구하며 실사용 면적의 효율화에 집중하기로 했다.

일조권 높이제한 영향을 받는 후면과 좌측면을 피해 우측 전면에 코어를 두면서 계획을 시작했다. 높이제한에 따라 형성된 경사면을 의식하며 전체의 조형을 디자인했다. 진입도로에 면한 지하 1층은 기단처럼 건물 상부를 받쳐주도록, 지상층은 그 위로 올라탄 하나의 덩어리로 그렸다. 콘셉트에 어울리게 지하 1층은 단단하게 안정감이 느껴지는 검은색 벽돌로, 지상층은 건축주의 바람대로 밝은 미색 벽돌로 마감했다.

실내에 일반적인 돌음계단을 배치하면 일조권 높이제한을 받는 4, 5층 공간은 계단 너비로 인해 너무 협소해질 것 같았다. 이 문제를 해결하기 위해 아예 바깥에서 건물을 감싸면서 실내로 이어지는 계단을 생각해 냈다. 결과적으로 내부에 계단을 두었을 때보다 전용면적과 유효 폭 면에서 유리했다. 도로 레벨이자 지하 1층에서 시작된 외부 계단은 지상 1층으로 이어진다. 지상 1층 브리지를 건너면 5층까지 연결되는 계단을 만날 수 있다. 난간 손잡이와 계단 외벽에 간접 조명을 매입해 사용자의 보행 안전성도 확보했다.

내부공간이 좁게 느껴질 수 있어서 시원한 개방감을 주기 위해 도로변 벽면을 통 창으로 계획했다. 그러면서도 건너편 오피스텔과의 시각적 간섭을 피하고자 영롱 쌓기한 벽돌 벽으로 이중 외피를 만들고, 마치 책을 살짝 펼치듯 영롱쌓기 구간의 단부를 바깥으로 빼 개방감을 더했다.

높이제한에 따라 형성된 경사면을 의식하며 전체의 조형을 디자인했다. 진입도로에 면한 지하 1층은 기단처럼 건물 상부를 받쳐주도록, 지상층은 그 위로 올라탄 하나의 덩어리로 그렸다.

Location
6-9, Hakdong-ro 6-gil,
Gangnam-gu, Seoul, Korea

Program
Office, Commercial

Structure
Reinforced concrete

Exterior finishing
Brick

Interior finishing
Exposed concrete

Architect
Joh Sungwook

Design team
Kang Seonhwan

Structural engineer
Sen Engineering Group

Construction
Yeziin Construction

Client
Individual

The site borders a dead-end road on the inside of Nonhyeon Furniture Street. It is less than 165m^2, and the rear and left sides are subject to sunlight height restrictions, making it difficult to achieve the legal maximum floor area ratio. Rather than simply pursuing the maximum numerical floor area ratio, we decided to focus on the efficiency of the actual floor space by iterating on the form.

We started the plan by placing the core on the right front, avoiding the back and left sides affected by the height restriction on sunlight. The entire sculpture was designed with the slope created by the height restrictions in mind. The basement level, facing the access road, was drawn to support the top of the building like a stylobate, with the ground floor rising above it as a single mass. In alignment with the concept, the ground floor is clad in solid, stable black bricks, while the upper floors are finished in light, off-white bricks, as the client wished.

We felt that if we placed a conventional spiral staircase in the interior, the fourth and fifth floor spaces, subject to daylight height restrictions, would be too narrow due to the staircase's width. To solve this problem, we designed a staircase that wraps around the building from the outside and leads inside. The result is an advantage in terms of dedicated area and effective width over having the staircase inside. The exterior staircase, which starts at street and basement levels, leads to the ground floor. After crossing the bridge on the ground floor, one will find a staircase leading up to the fifth floor. Indirect lighting was embedded into the handrails and staircase exterior walls to ensure user safety while walking.

Since the interior may feel narrow and small, the entire roadside façade was designed with full-length windows to

relax the user's senses visually. However, in order to avoid visual interference with the office building next door, a double envelope was created with perforated brick walls, and the ends of the wall sections were pulled out to create a sense of openness as if opening a book.

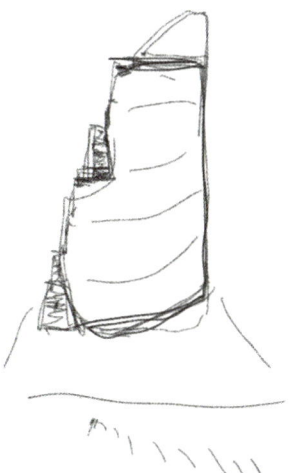

[p.121] The entire sculpture was designed with the slope created by the height restrictions in mind. The basement level, facing the access road, was drawn to support the top of the building like a stylobate, with the ground floor rising above it as a single mass.

[pp.124–125] Since the interior may feel narrow and small, the entire roadside façade was designed with full-length windows to relax the user's senses visually. However, in order to avoid visual interference with the office building next door, a double envelope was created with perforated brick walls, and the ends of the wall sections were pulled out to create a sense of openness as if opening a book.

[pp.128–129] We felt that if we placed a conventional spiral staircase in the interior, the fourth and fifth floor spaces, subject to daylight height restrictions, would be too narrow due to the staircase's width. To solve this problem, we designed a staircase that wraps around the building from the outside and leads inside. The result is an advantage in terms of dedicated area and effective width over having the staircase inside.

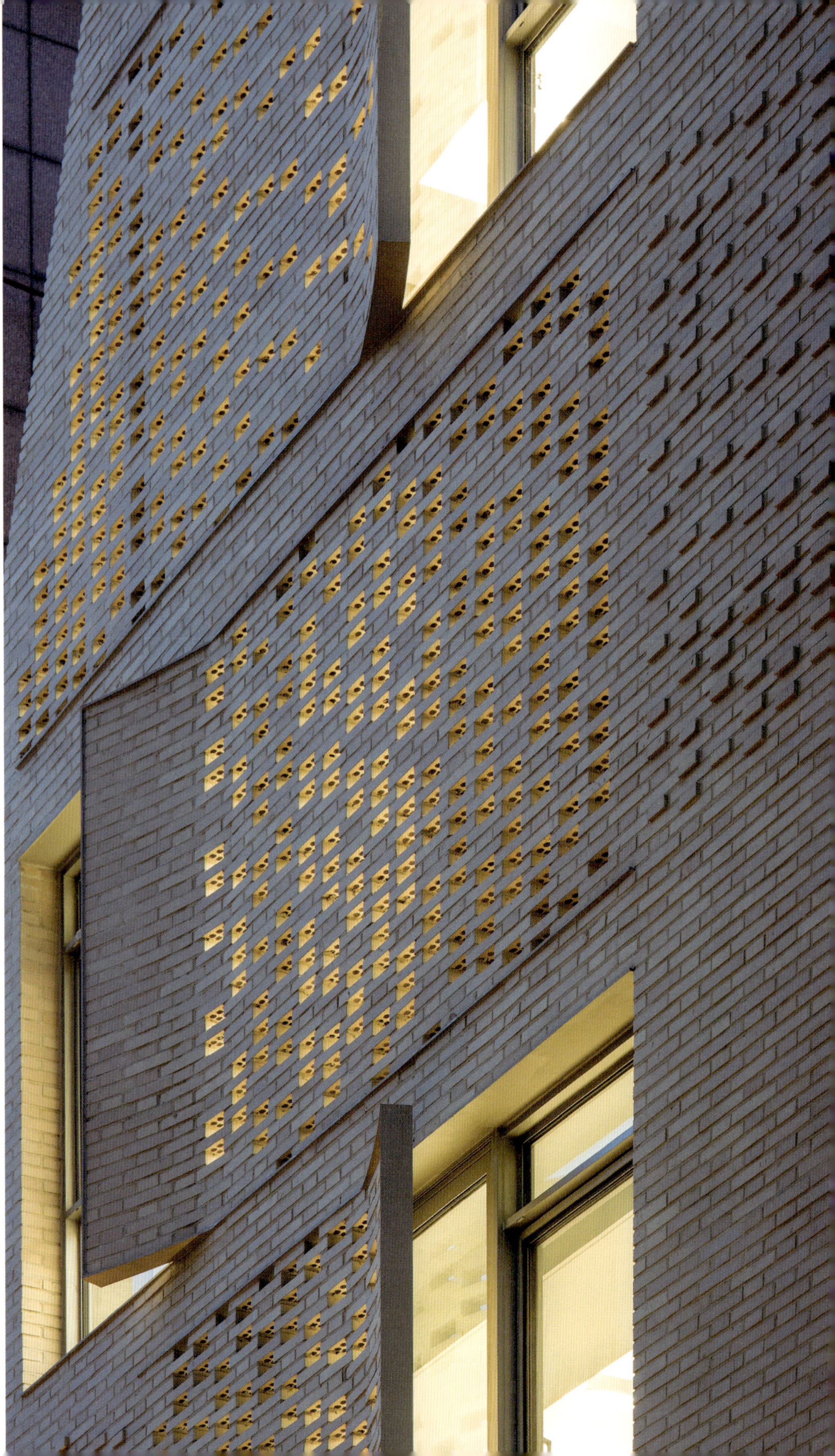

내부공간이 좁게 느껴질 수 있어서 시원한
개방감을 주기 위해 도로변 벽면을 통 창으로
계획했다. 그러면서도 건너편 오피스텔과의 시각적
간섭을 피하고자 영롱 쌓기한 벽돌 벽으로 이중
외피를 만들고, 마치 책을 살짝 펼치듯 영롱쌓기
구간의 단부를 바깥으로 빼 개방감을 더했다.

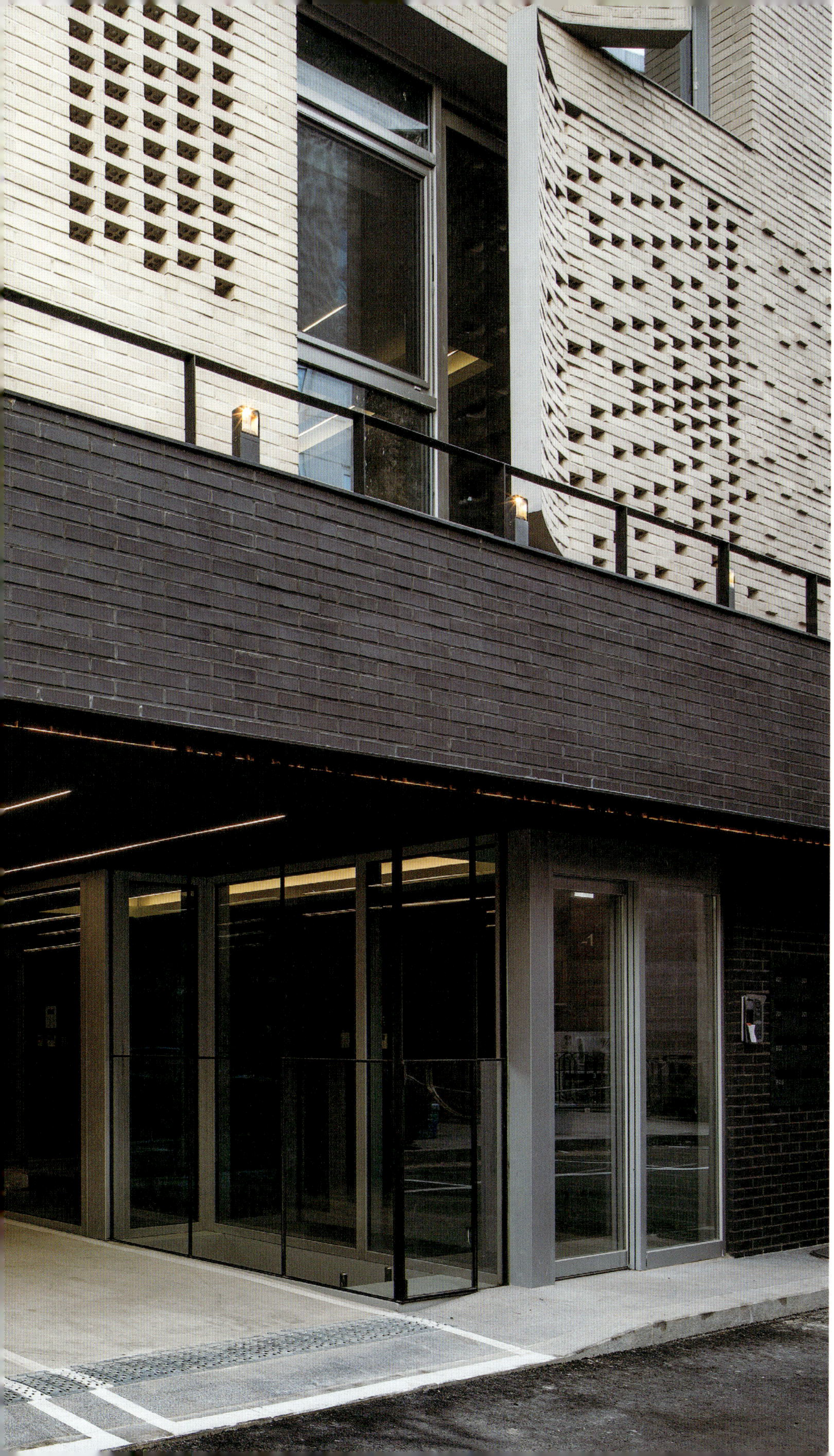

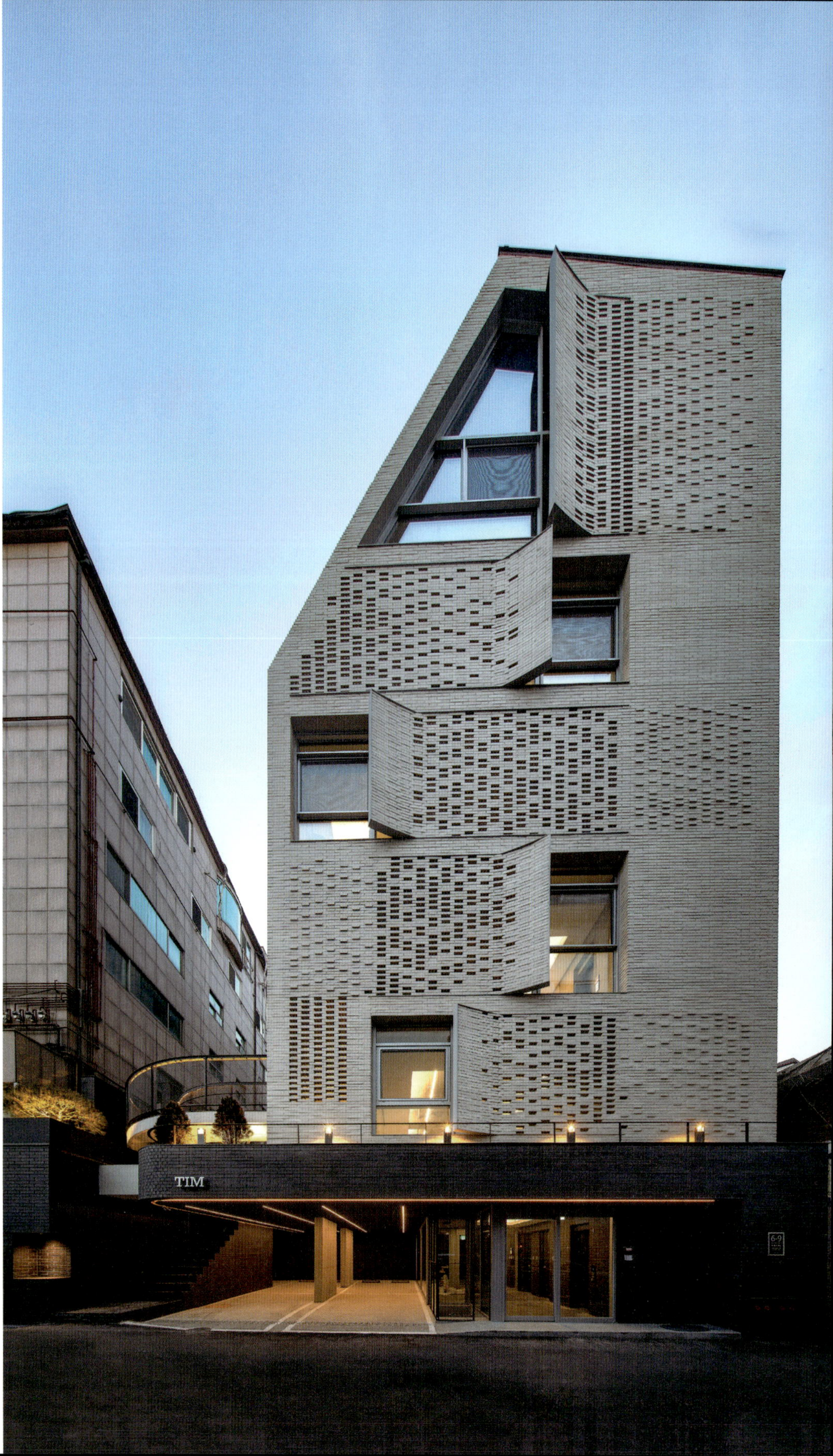
TIM
6-9

실내에 일반적인 돌음계단을 배치하면 일조권
높이제한을 받는 4, 5층 공간은 계단 너비로
인해 너무 협소해질 것 같았다. 이 문제를
해결하기 위해 아예 바깥에서 건물을 감싸면서
실내로 이어지는 계단을 생각해 냈다.
결과적으로 내부에 계단을 두었을 때보다
전용면적과 유효 폭 면에서 유리해졌다.

N3315

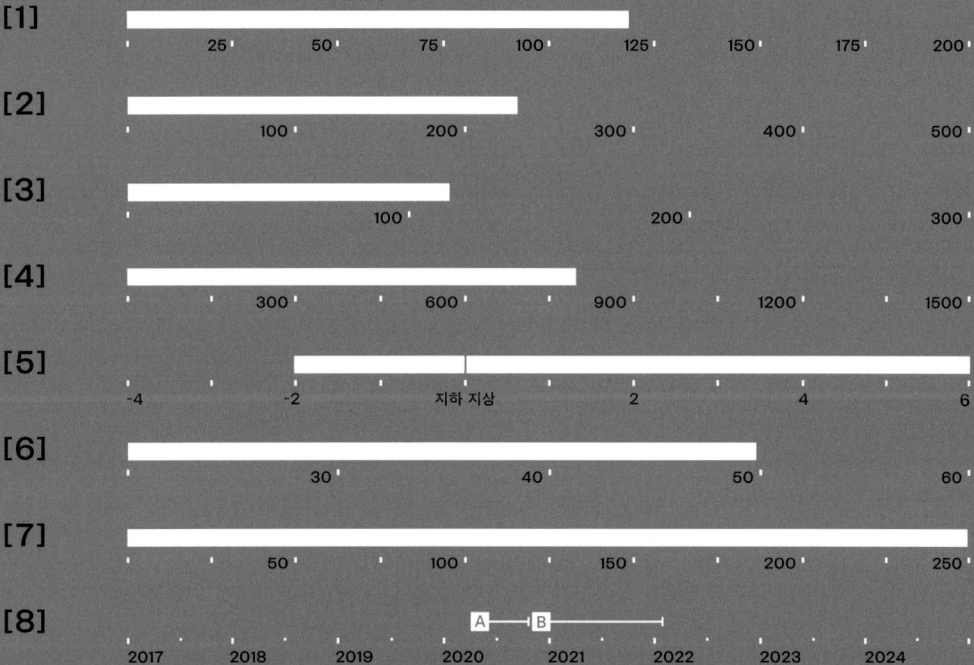

1 대지회복률(%)   Land recovery ratio
2 대지면적(㎡)   Site area
3 건축면적(㎡)   Building area
4 연면적(㎡)   Gross floor area
5 층수(지하/지상)   Floor
6 건폐율(%)   Building to land ratio
7 용적률(%)   Floor area ratio
8 설계기간(A)   Design period (A)
  시공기간(B)   Construction period (B)

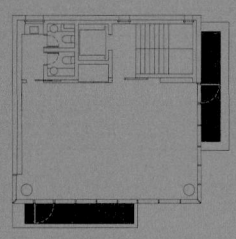
5F

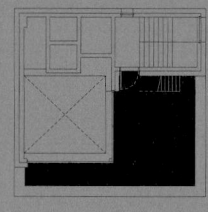
6F

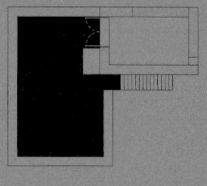
Rooftop

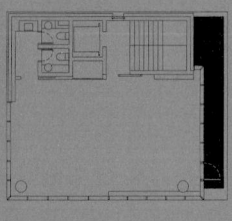
2F

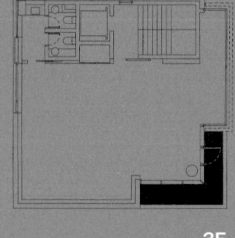
3F

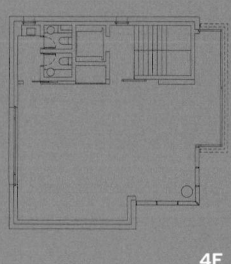
4F

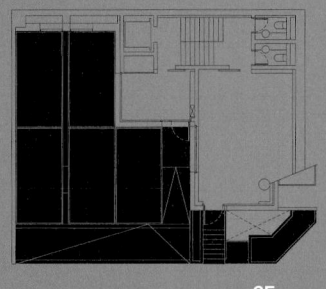
-2F

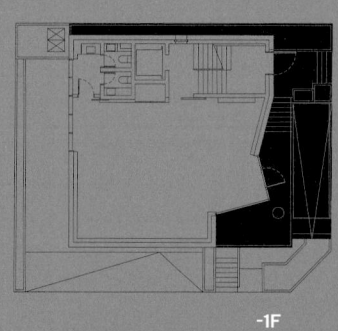
-1F

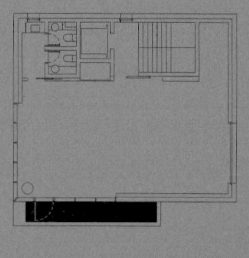
1F

■ 회복면적

N3315

PROJECT

133

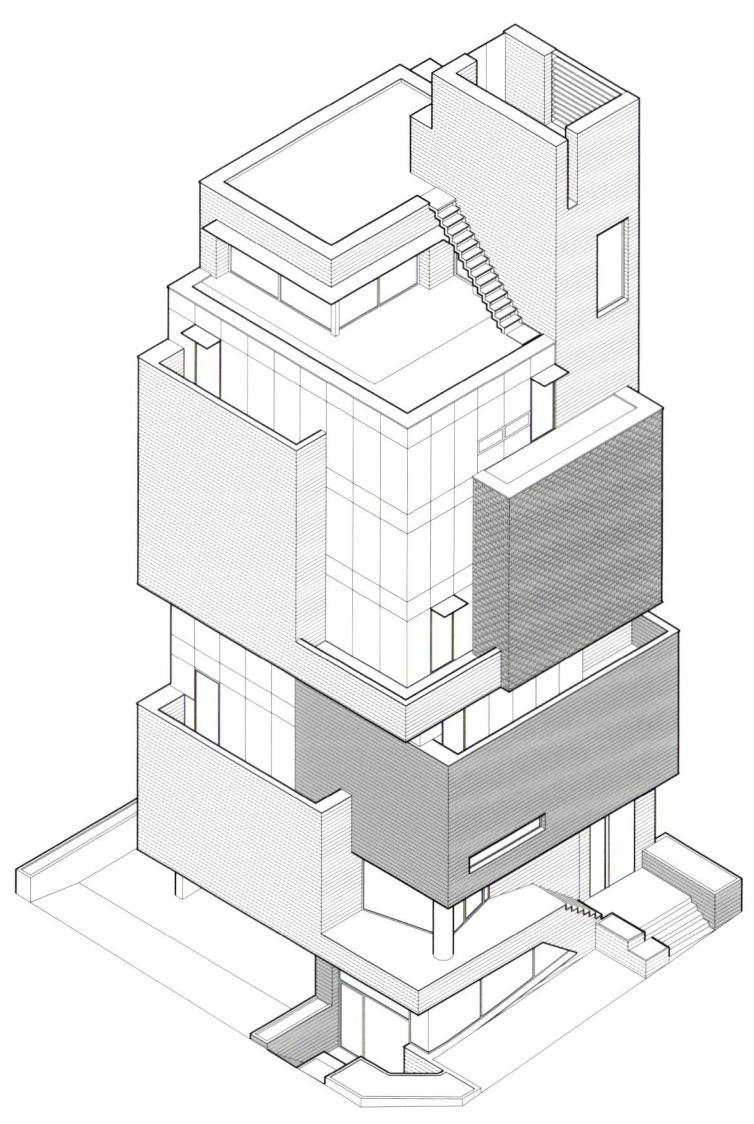

위치	서울특별시 강남구 도산대로28길 26	설계	조성욱
용도	제2종근린생활시설	설계담당	김왕건, 장연재, 오은영
구조	철근콘크리트조	구조설계	이든구조컨설턴트
외부마감	벽돌	시공	채움종합건설
내부마감	콘크리트 노출	건축주	개인

PROJECT N3315

135

논현동 33-15번지는 북측면과 동측면이 각각 4m 도로와 접하고 있는 약 70평의 대지다. 이 두 길은 모두 가파른 경사로로, 북측과 동측 도로의 최고 레벨의 차이만 해도 거의 1개 층 높이였다. 우리는 이 특징을 적극 활용해 지하 1층의 반 정도를 지상으로 드러냈다. 지하 1층이지만 지상층처럼 충분히 밝고, 뷰가 있는 공간이 되었다. 지하 2층의 경우 지하 1층과 연결된 성큰 가든이 자연광을 끌어들인다.

건축주는 테라스 없이 네모반듯한 5층 건물보다 층마다 테라스가 있는 6층 건물을 원했다. 우리는 최대 용적률만큼 만든 육면체를 조각내고 다시 쌓아 올리는 방식으로 형태를 구성해 나갔다. 조각난 덩어리를 엇갈려 쌓되 층마다 생기는 테라스의 방향을 제각각 다르게 배치했다. 이로 인해 테라스는 층마다 폭과 길이, 마주한 풍경이 다르다. 사실 70평이란 대지에서 건축주가 바라는 건폐율과 용적률을 모두 좇다 보면 바닥면적을 확보하기 어렵다. 이럴 때 엇갈린 조각으로 생긴 테라스 영역이 공간을 확장하고 더 풍부하게 활용할 수 있는 중요한 단서가 된다.

일조권 높이제한에 따른 제약이 가장 큰 최상층 6층에는 해당 영향을 받지 않는 부분에서 최대한의 층고를 확보했다. 여기를 커튼월로 마감해 한 블록 앞에 있는 논현로를 한눈에 담을 수 있도록 했다. 6층 테라스에서 옥상으로 바로 갈 수 있는 계단도 설치해 한층 입체적인 공간을 구현할 수 있었다.

파사드는 벽돌과 커튼월을 조합해 입체적이면서도 통일성 있는 느낌으로 완성했다. 마치 벽돌 덩어리가 유리 덩어리에 매달린 것처럼 표현했는데, 벽돌의 경우 덩어리마다 다른 색을 적용해 면을 나눈 게 특징이다. 창은 최대한 주변 다세대주택들로 향하지 않도록 계획했다. 바로 앞에 주택이 있는 경우 창에 다공쌓기한 벽돌 레이어를 덧대 빛은 받아들이되 시선은 차단했다.

우리는 최대 용적률만큼 만든 육면체를 조각내고 다시 쌓아 올리는 방식으로 형태를 구성해 나갔다. 조각난 덩어리를 엇갈려 쌓되 층마다 생기는 테라스의 방향을 제각각 다르게 배치했다. 이로 인해 테라스는 층마다 폭과 길이, 마주한 풍경이 다르다.

Location
26, Dosan-daero 28-gil, Gangnam-gu, Seoul, Korea

Program
Office, Commercial

Structure
Reinforced concrete

Exterior finishing
Brick

Interior finishing
Exposed concrete

Architect
Joh Sungwook

Design team
Kim Wanggeon
Jang Yeonjae
Oh Eunyoung

Structural engineer
Eden Structural Consultant

Construction
Chaeum Construction

Client
Individual

33-15 Nonhyeon-dong is a 231m^2 site bordered by a 4m road on the north and east sides. Both roads were steep, with the difference between the top levels of the north and east roads alone being almost one storey high. This feature brought about half of the basement floor above ground level. Naturally, although it is on the basement level, it has become a space that is bright enough and has a view like the ground floor. In the case of the second basement level, a sunken garden connected to the first basement level brings in natural light.

The client wanted a six-storey building with terraces on every floor rather than a square five-storey building without terraces. We constructed the shapes by breaking up the hexahedron with maximum volume and putting it back together again. The fragmented masses were stacked and crossed, and the direction of the terraces on each floor was arranged differently. As a result, the terraces vary in width and length, as well as the views they face from floor to floor. It is not easy to secure the floor area if we pursue both the building-to-land ratio and floor area ratio desired by the client on a site of 231m^2. In this case, the terrace area created by the intersected pieces becomes an important clue to expanding and enriching the space.

The top sixth floor, which is the most constrained by the sunlight zone height restrictions, has the maximum floor height in the unaffected areas. The curtain wall here provides a view of Nonhyeon-ro, a block ahead. A staircase from the sixth-floor terrace directly to the rooftop was also installed to create a more three-dimensional space.

The façade is a combination of brick and curtain walls to create a structured yet unified look. It is like a chunk of brick

suspended in a chunk of glass, with each chunk of brick having a different colour to divide it up. The windows were planned to face away from the neighbouring multi-family houses as much as possible.
If a house is directly in front, we added perforated brick layers to the window to let in light but block out views.

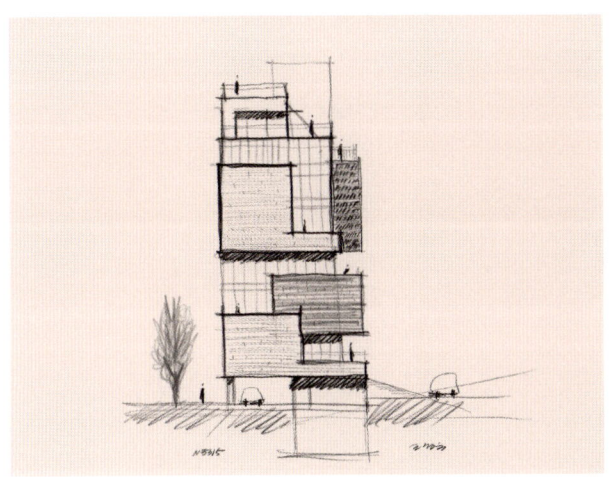

[p.137] We constructed the shapes by breaking up the hexahedron with maximum volume and putting it back together again. The fragmented masses were stacked and crossed, and the direction of the terraces on each floor was arranged differently. As a result, the terraces vary in width and length, as well as the views they face from floor to floor.

[p.140] If a house is directly in front, we added perforated brick layers to the window to let in light but block out views.

[p.141] The façade is a combination of brick and curtain walls to create a structured yet unified look. It is like a chunk of brick suspended in a chunk of glass, with each chunk of brick having a different colour to divide it up.

[p.142] With the difference between the top levels of the north and east roads alone being almost one storey high. This feature brought about half of the basement floor above ground level.

[p.143] The terrace area created by the intersected pieces becomes an important clue to expanding and enriching the space.

[p.144] As time passed, the surrounding buildings became high-rises, and the ageing houses in Nonhyeon-dong lost their function as quiet and comfortable homes. Detached houses in quiet, comfortable residential neighbourhoods are gradually transforming into neighbourhood facilities with maximum floor area ratios.

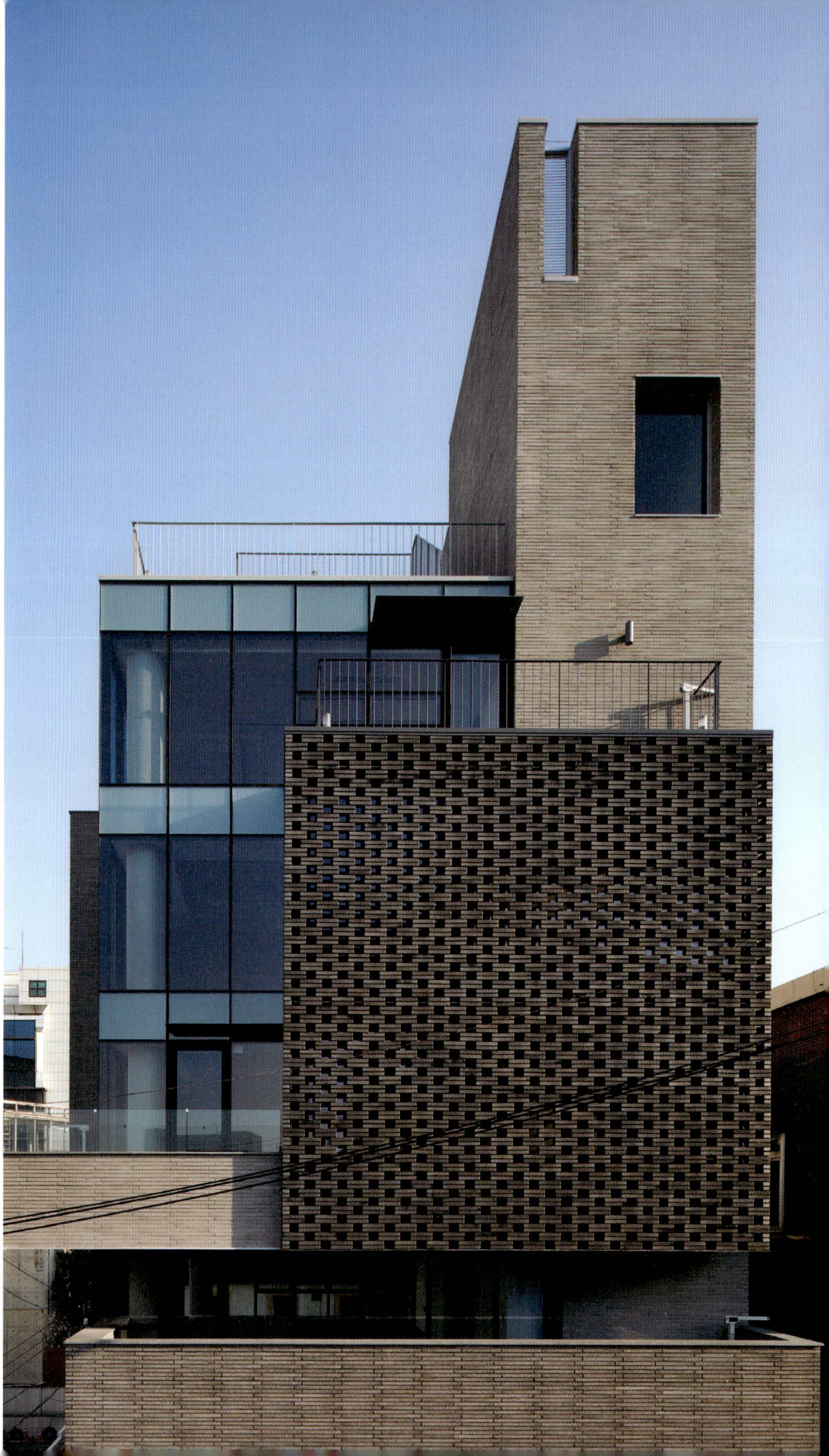

↑
파사드는 벽돌과 커튼월을 조합해 입체적이면서도 통일성 있는 느낌으로 완성했다. 마치 벽돌 덩어리가 유리 덩어리에 매달린 것처럼 표현했는데, 벽돌의 경우 덩어리마다 다른 색을 적용해 면을 나눈 게 특징이다.

←
바로 앞에 주택이 있는 경우 창에 다공쌓기한 벽돌 레이어를 덧대 빛은 받아들이되 시선은 차단했다.

←
북측과 동측 도로의 최고 레벨의 차이만 해도 거의 1개 층 높이였다. 우리는 이 특징을 적극 활용해 지하 1층의 반 정도를 지상으로 드러냈다.

↑
엇갈린 조각으로 생긴 테라스 영역이 공간을 확장하고 더 풍부하게 활용할 수 있는 중요한 단서가 된다.

논현동 일대 노후화된 단독주택들은 조용하고
안락했던 집으로서의 기능을 상실했다.
이 일반주거지역의 단독주택들이 이제는
용적률을 최대한 활용한 근린생활시설로
하나둘 바뀌어가고 있다.

N910

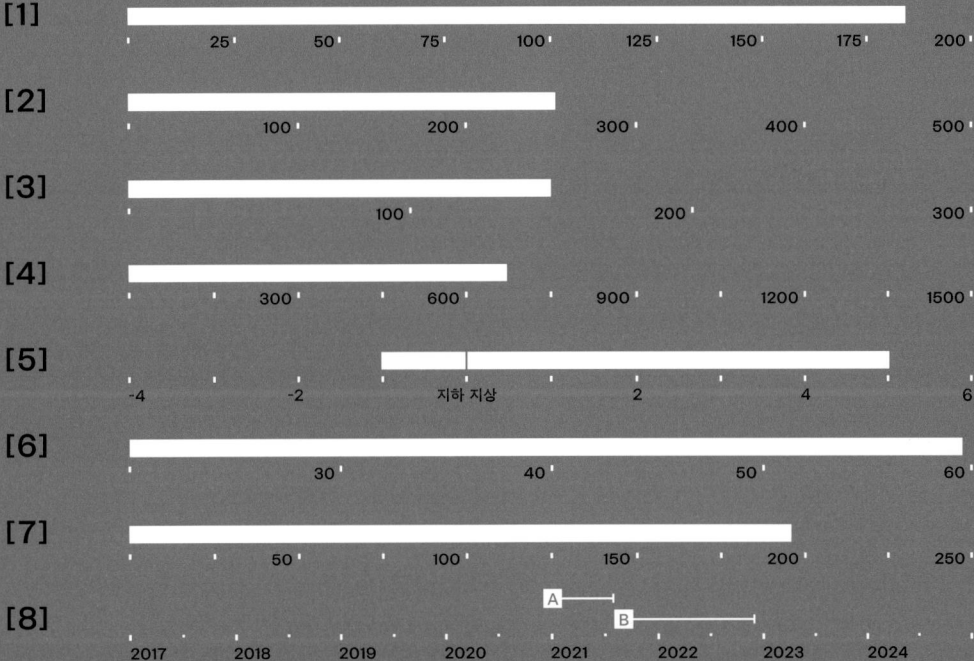

1 대지회복률(%) Land recovery ratio
2 대지면적(㎡) Site area
3 건축면적(㎡) Building area
4 연면적(㎡) Gross floor area
5 층수(지하/지상) Floor
6 건폐율(%) Building to land ratio
7 용적률(%) Floor area ratio
8 설계기간(A) Design period(A)
  시공기간(B) Construction period(B)

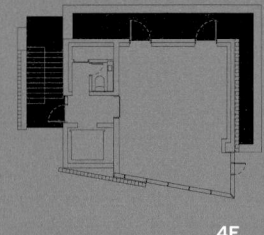
4F

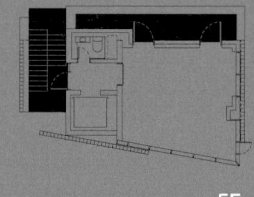
5F

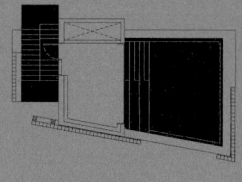
Rooftop

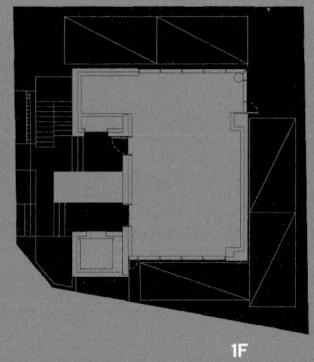
1F

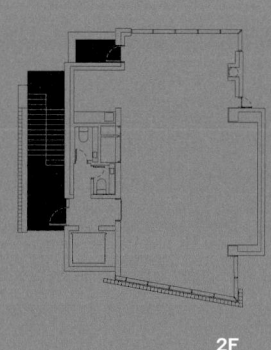
2F

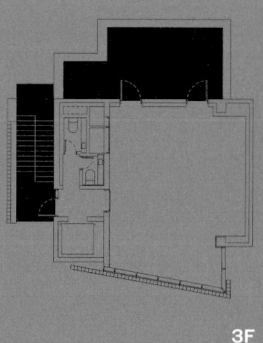
3F

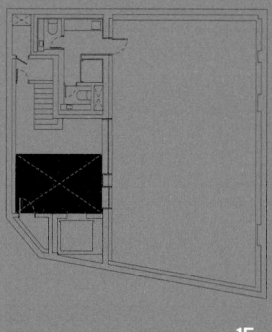
-1F

■ 회복면적

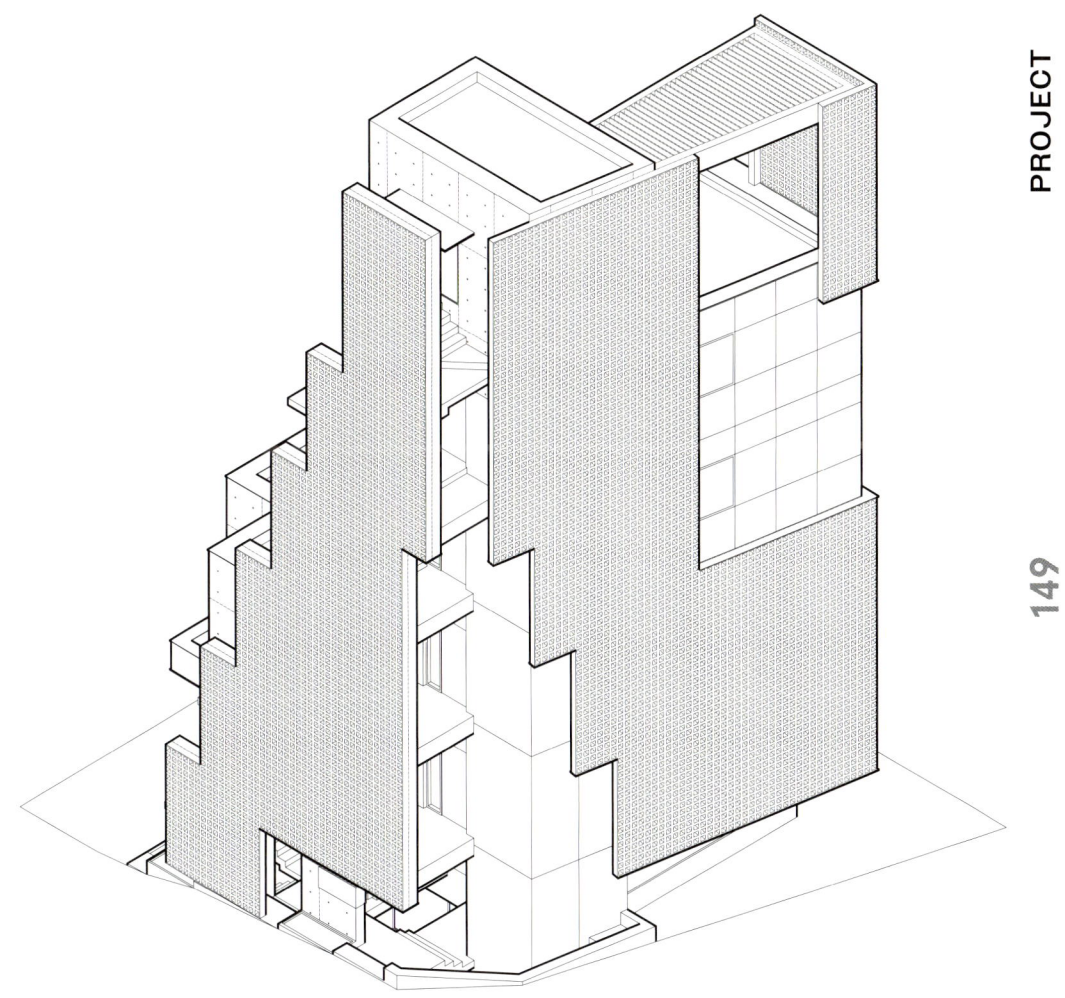

위치	서울특별시 강남구 논현로145길 18	설계	조성욱
용도	제2종근린생활시설	설계담당	강병훈
구조	콘크리트 노출	구조설계	제네랄구조엔지니어링
외부마감	큐블럭, 콘크리트 노출	시공	재윤디앤씨
내부마감	콘크리트 노출	건축주	개인

N910의 대지는 북쪽으로 다른 대지를 접하고 있고 주변보다 레벨이 다소 높았다. 대지면적도 작아 여러모로 법규 제약이 많았는데 우리는 오히려 이런 제약 조건을 디자인 요소로 활용해 계획했다.

효율적인 공간 확보를 위해 일조권 높이제한선을 가이드 삼아 외부 계단을 디자인했다. 수직으로 곧게 올리지 않고 북쪽에서 남쪽으로 기울어지게 해 1층 남쪽에 주 출입구와 외부공간을 마련했다. 또한, 일조권 높이제한선을 형상화한 가벽으로 계단을 감싸 프라이버시를 확보했다. 가벽은 중공이 있는 큐브릭스 벽돌로 만든 것이라 한 차례 필터링된 자연광이 실내로 들어가는 효과를 준다.

지상 1층 남쪽으로 확보한 외부공간에는 지하 1층으로 향하는 성큰 가든을 만들었다. 특히 지하 1층은 층고가 높아 지상층처럼 쾌적한 분위기를 낸다. 성큰 가든을 거쳐 실내로 진입하는 동선은 마치 단독주택의 대문과 마당을 지나 집 안으로 들어가는 느낌을 준다. 층마다 있는 외부공간은 협소한 대지와 부족한 실내공간을 보완하고 있다.

N910의 재료는 콘크리트 하나이지만 큐브릭스 벽돌이 만들어 낸 패턴이나 그림자가 안팎으로 다양한 풍경을 연출한다. 낮에는 빛의 입사각에 따라 큐브릭스의 그림자가 실내로 깊게 들어오고, 밤에는 실내 풍경이 큐브릭스에 투영되어 거리에 생동감을 주기 때문이다. 큐브릭스 자체는 하나의 건축 재료이지만 그 그림자는 이 건물의 디자인이자 새로운 표정을 만드는 역할을 하는 셈이다.

일조권 높이제한선을 형상화한 가벽으로 계단을 감싸 프라이버시를 확보했다. 가벽은 중공이 있는 큐브릭스 벽돌로 만든 것이라 한 차례 필터링된 자연광이 실내로 들어가는 효과를 준다.

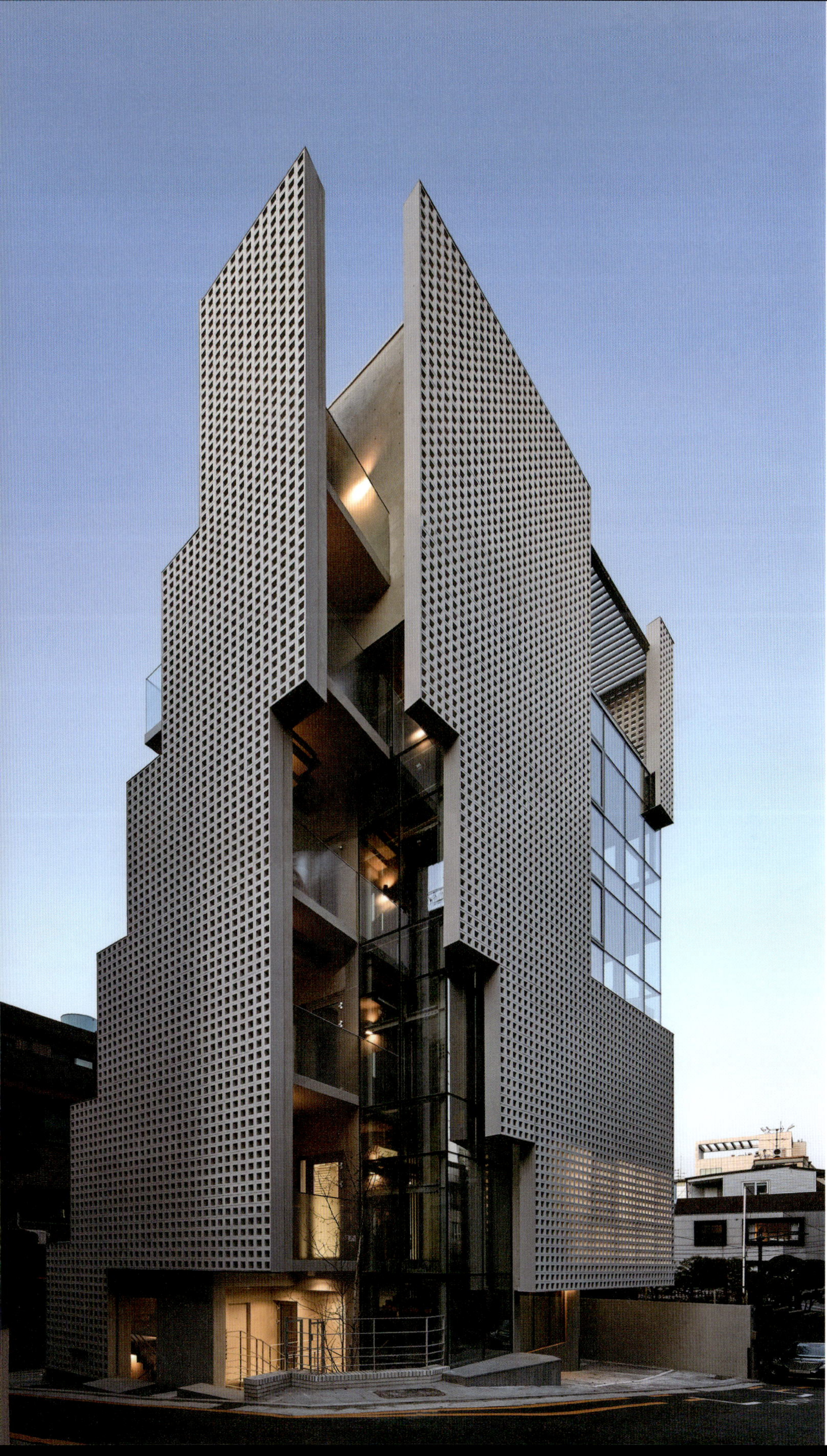

Location
18, Nonhyeon-ro 145-gil,
Gangnam-gu, Seoul, Korea

Program
Office, Commercial

Structure
Reinforced concrete

Exterior finishing
Q Block, Exposed concrete

Interior finishing
Exposed concrete

Architect
Joh Sungwook

Design team
Kang Byunghoon

Structural engineer
General Structural Engineers

Construction
Jaeyun D&C

Client
Individual

The site of N910 bordered another lot to the north and was somewhat higher in level than its surroundings. The small size of the site meant that there were many legal restrictions, but we started planning by using them as design elements.

The exterior staircase was designed using the sunlight height restrictions as a guide to ensure efficient use of space. Instead of a straight vertical staircase, the staircase slopes from north to south, creating a main entrance and exterior space on the south side of the ground floor. In addition, the staircase was enclosed with a false wall that mimics the sunlight height limit to create privacy. The false wall is made of hollow QBRICKS bricks, which allows filtered natural light to enter the room.

A sunken garden that opens onto the basement floor was created in the exterior space to the south of the ground floor. The basement floor, in particular, has been elevated to create a more ground level atmosphere. Entering the interior through the sunken garden feels like walking through a gate and yard into a house, just like a single-family home. The exterior spaces on each floor compensate for the small site and lack of interior space.

The N910's material is concrete, but the patterns and shadows created by the QBRICKS bricks develop a variety of landscapes inside and out. During the day, the angle of incidence of the light causes the shadows of the QBRICKS to fall deep into the room. At night, the interior landscape is projected onto the QBRICKS, bringing the street to life. The QBRICKS itself is a building material, but its shadow is the design of the building, creating a new look.

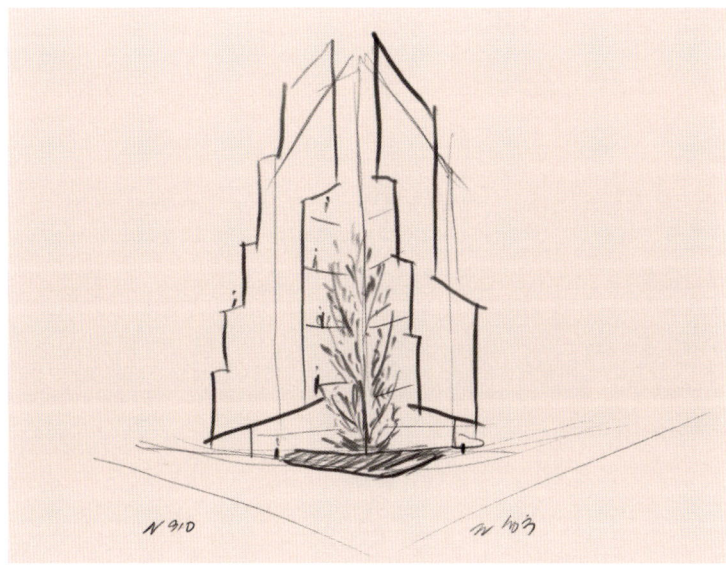

[p.151] The staircase was enclosed with a false wall that mimics the sunlight height limit to create privacy. The false wall is made of hollow QBRICKS bricks, which allows filtered natural light to enter the room.

[p.154] The site of N910 bordered another lot to the north and was somewhat higher in level than its surroundings. A sunken garden that opens onto the basement floor was created in the exterior space to the south of the ground floor.

[p.155] The N910's material is concrete, but the patterns and shadows created by the QBRICKS bricks develop a variety of landscapes inside and out.

[p.156] The exterior staircase was designed using the sunlight height restrictions as a guide to ensure efficient use of space. Instead of a straight vertical staircase, the staircase slopes from north to south, creating a main entrance and exterior space on the south side of the ground floor.

[p.157] During the day, the angle of incidence of the light causes the shadows of the QBRICKS to fall deep into the room. At night, the interior landscape is projected onto the QBRICKS, bringing the street to life.

←
N910의 대지는 북쪽으로 다른 대지를 접하고 있고 주변보다 레벨이 다소 높았다. 지상 1층 남쪽으로 확보한 외부공간에는 지하 1층으로 향하는 성큰 가든을 만들었다.

↑
N910의 재료는 콘크리트 하나이지만 큐브릭스 벽돌이 만들어 낸 패턴이나 그림자가 안팎으로 다양한 풍경을 연출한다.

←
효율적인 공간 확보를 위해 일조권 높이제한선을 가이드 삼아 외부 계단을 디자인했다. 수직으로 곧게 올리지 않고 북쪽에서 남쪽으로 기울어지게 해 1층 남쪽에 주 출입구와 외부공간을 마련했다.

↑
낮에는 빛의 입사각에 따라 큐브릭스의 그림자가 실내로 깊게 들어오고, 밤에는 실내 풍경이 큐브릭스에 투영되어 거리에 생동감을 주기 때문이다.

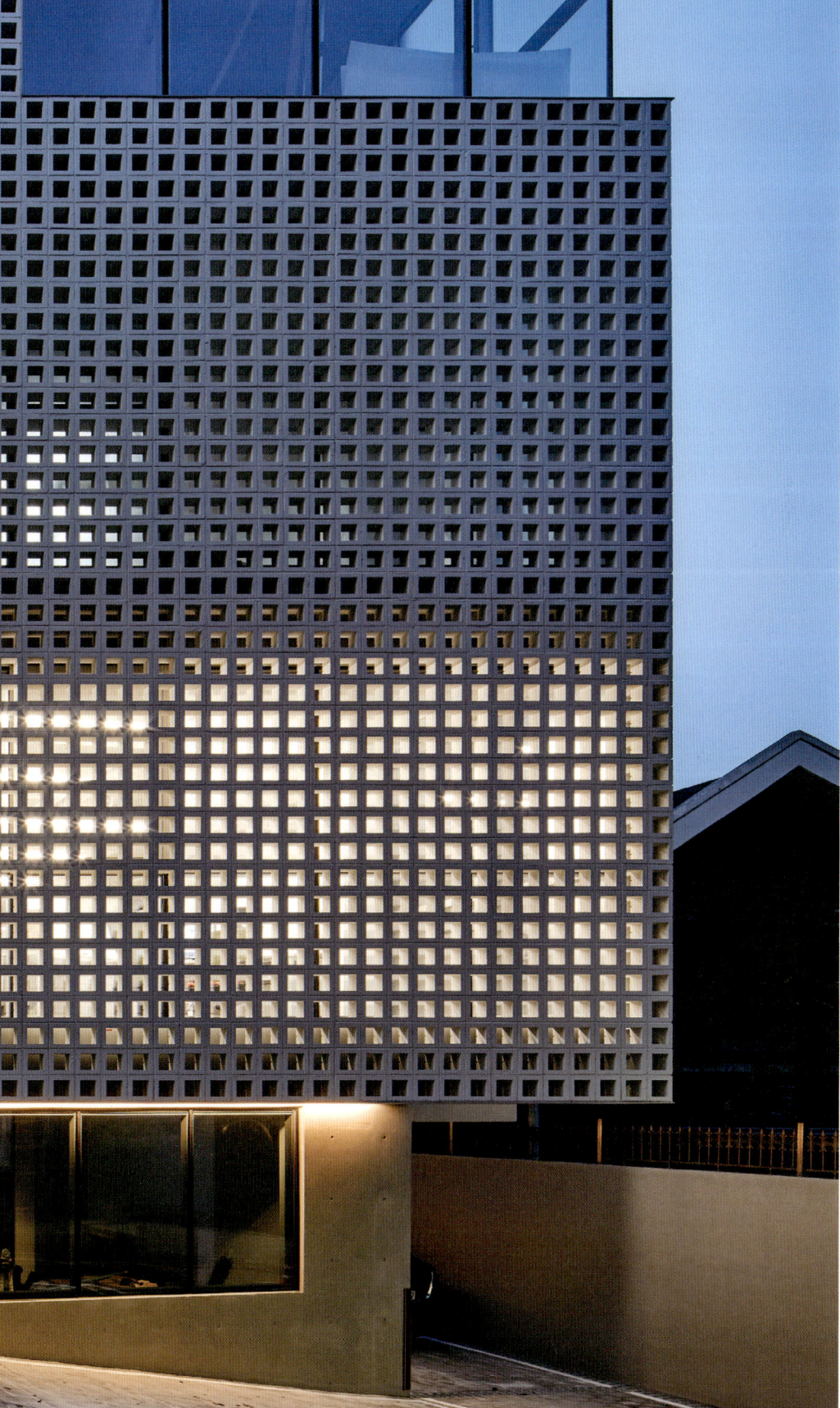

N2203

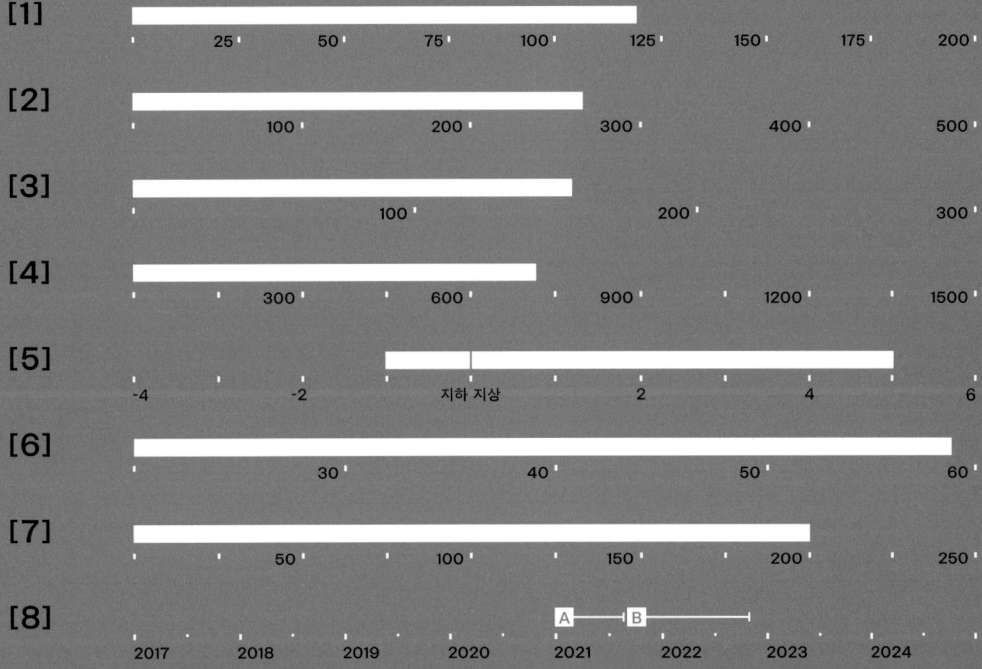

1 대지회복률(%) Land recovery ratio
2 대지면적(㎡) Site area
3 건축면적(㎡) Building area
4 연면적(㎡) Gross floor area
5 층수(지하/지상) Floor
6 건폐율(%) Building to land ratio
7 용적률(%) Floor area ratio
8 설계기간(A) Design period(A)
  시공기간(B) Construction period(B)

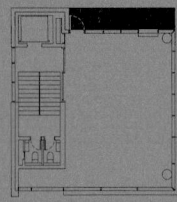
4F

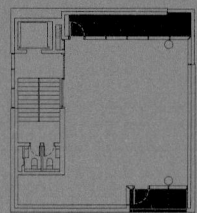
5F

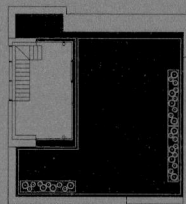
Rooftop

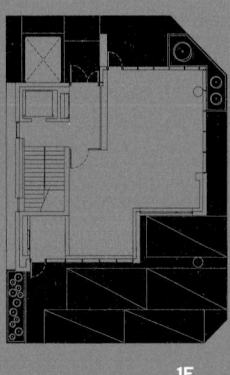
1F

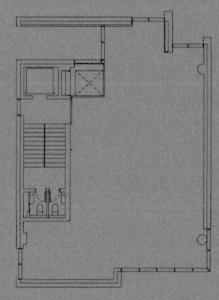
2F

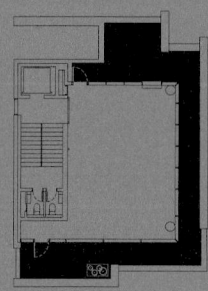
3F

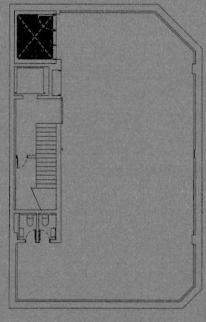
-1F

■ 회복면적

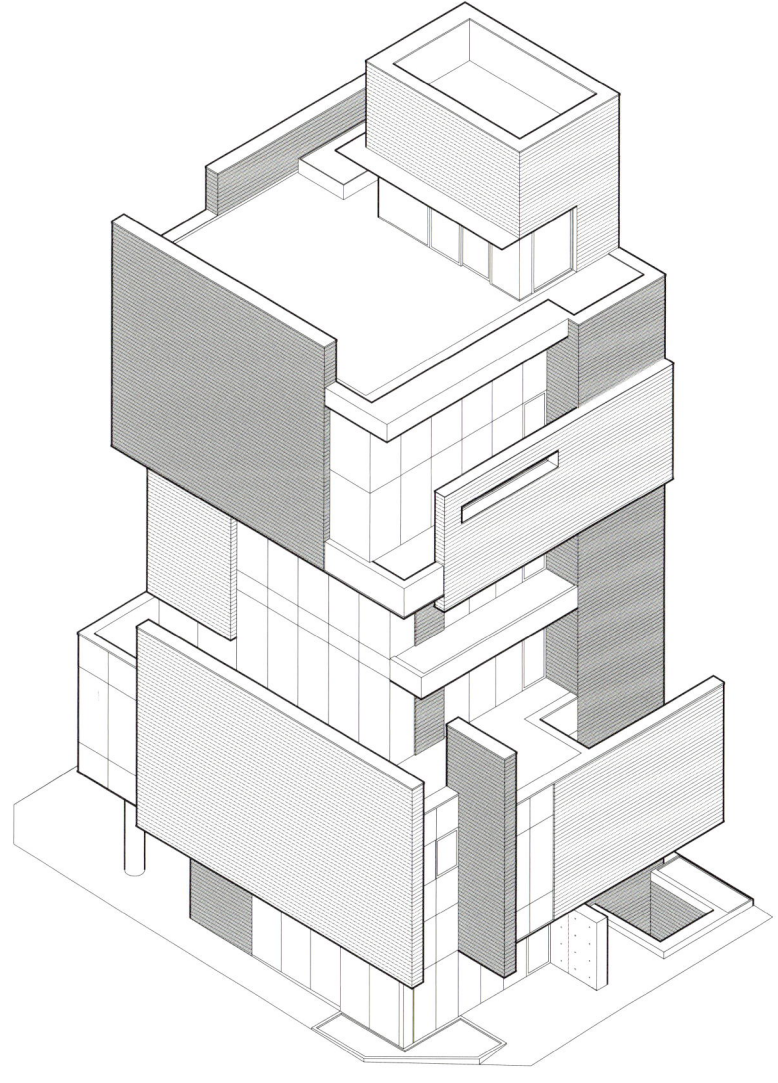

위치	서울특별시 강남구 논현로122길 16	설계	조성욱
용도	제2종근린생활시설	설계담당	김왕건, 전미진
구조	철근콘크리트조	구조설계	SDM구조기술사사무소
외부마감	벽돌	시공	예지인
내부마감	콘크리트 노출	건축주	주식회사사무실풍경소노프로젝트

주거지역에 근린생활시설이 들어설 때 서로 다른 용도의 건물들과 어떻게 관계를 맺어야 할까? 이 고민이 N2203 설계의 출발점이었고, 우리는 해결책으로 면(벽)이라는 요소를 활용했다.

매스와 매스 사이에 삽입되는 면은 주변 주거시설과 아슬아슬한 긴장감을 형성하면서 건물 내부의 동선과 사용자의 시선, 공간의 방향성을 제시한다. 매스와 면 사이의 투명한 커튼월은 틈을 만들며 내부공간이 골목을 향해 열리게끔 한다. 낮은 창은 주변에서 오는 시선을 차단해 내부공간과 주거시설의 프라이버시를 적당히 분리해 주고, 높은 창은 실내공간에 하늘을 담아내 답답함을 해소한다.

중첩된 매스에 삽입되는 수직, 수평의 면은 층별로 다양한 공간감과 외부공간을 만들어 낸다. 저층부에는 최대한 높은 벽을 설치해 인접 주거시설과 통하는 시선을 차단하고, 외부 면을 내부공간까지 끌어들여 자연스럽게 하나의 공간감으로 느껴지도록 했다. 상부로 올라갈수록 면(벽) 사이의 틈을 넓혀 적극적으로 실내에 외부 풍경을 끌어들인다. 5층 테라스의 높은 면(벽)에는 가로로 가늘고 긴 창을 만들어 북한산의 풍경을 담고, 옥탑 테라스의 북측에는 유리 난간을 설치해 도시의 풍경을 굽어보도록 했다. 즉, 건물 저층부에서는 외부 면이 내부공간으로 유입되고, 상층부에서는 차경으로 내외부의 경계를 흐릿하게 만든다.

주변 건물은 대부분 비슷한 규모의 주거시설로 벽돌, 석재 등 다양한 마감재와 창호 크기로 입면이 분절되어 있다. 분절된 입면들 사이에서 거대한 면의 조합으로 만들어진 N2203은 좁은 골목에 새로운 분위기를 자아내고 있다.

매스와 매스 사이에 삽입되는 면은 주변 주거시설과 아슬아슬한 긴장감을 형성하면서 건물 내부의 동선과 사용자의 시선, 공간의 방향성을 제시한다. 매스와 면 사이의 투명한 커튼월은 틈을 만들며 내부공간이 골목을 향해 열리게끔 한다.

PROJECT   N2203

167

Location
16, Nonhyeon-ro 122-gil,
Gangnam-gu, Seoul, Korea

Program
Office, Commercial

Structure
Reinforced concrete

Exterior finishing
Brick

Interior finishing
Exposed concrete

Architect
Joh Sungwook

Design team
Kim Wanggeon
Jeon Mijin

Structural engineer
SDM Partners

Construction
Yeziin Construction

Client
Samusilpk

How should buildings of different uses relate to each other when a neighbourhood living facility is built in a residential area? This question was the starting point for the design of the N2203, and we utilised the element of faces (walls) as a solution.

The masses and intervening planes create tension with the surrounding residential properties, directing the movement of the building's interior, the user's gaze and the orientation of the space. The transparent curtain wall between the masses and the façade creates a gap and opens the interior space towards the alley. Low windows block the view from the neighbourhood and provide a reasonable separation between the interior space and the privacy of the residence, while high windows bring the sky into the interior space and relieve the feeling of stuffiness.

The vertical and horizontal faces that are inserted into the nested mass create a different sense of space and exterior space for each floor. On the lower floors, the walls are as high as possible to block the view of the neighbouring residences and bring the exterior into the interior to create a natural sense of space. As they move upwards, the gaps between the faces (walls) widen to bring the outside in actively. On the high side (wall) of the fifth floor terrace, a long horizontal window was created to capture the view of Bukhansan Mountain, and a glass railing was installed on the north side of the rooftop terrace to provide a view of the city. In other words, at the lower levels of the building, the exterior is brought into the interior space, and at the upper levels, the boundary between the interior and exterior is blurred by borrowed scenery.

The surrounding buildings are mostly similarly sized residential properties, with broken elevations in various window sizes and finishes, such as brick and stone. N2203, a combination of giant faces among segmented elevations, creates a new ambience in the narrow alley.

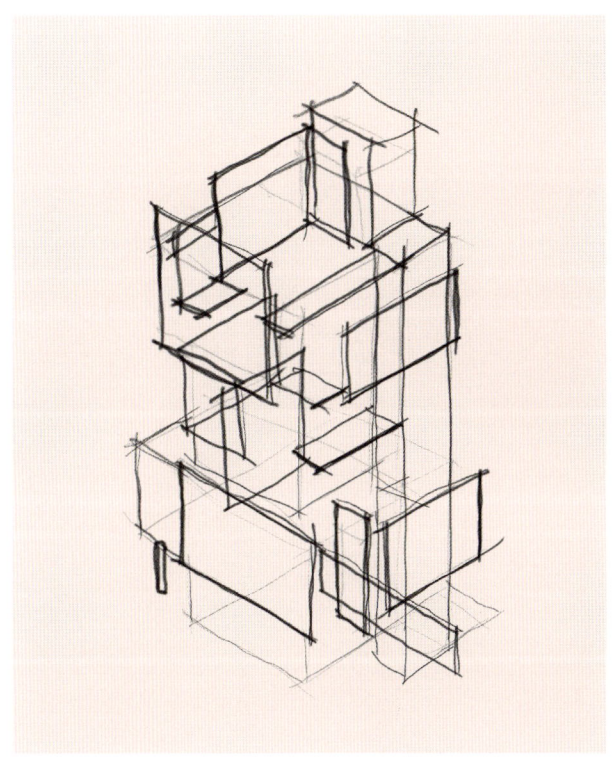

[p.167] The masses and intervening planes create tension with the surrounding residential properties, directing the movement of the building's interior, the user's gaze and the orientation of the space. The transparent curtain wall between the masses and the façade creates a gap and opens the interior space towards the alley.

[pp.170–171] The vertical and horizontal faces that are inserted into the nested mass create a different sense of space and exterior space for each floor. On the lower floors, the walls are as high as possible to block the view of the neighbouring residences and bring the exterior into the interior to create a natural sense of space. As they move upwards, the gaps between the faces (walls) widen to bring the outside in actively.

중첩된 매스에 삽입되는 수직, 수평의 면은 층별로
다양한 공간감과 외부공간을 만들어 낸다. 저층부에는
최대한 높은 벽을 설치해 인접 주거시설과 통하는
시선을 차단하고, 외부 면을 내부공간까지 끌어들여
자연스럽게 하나의 공간감으로 느껴지도록 했다.
상부로 올라갈수록 면(벽) 사이의 틈을 넓혀
적극적으로 실내에 외부 풍경을 끌어들인다.

N8311

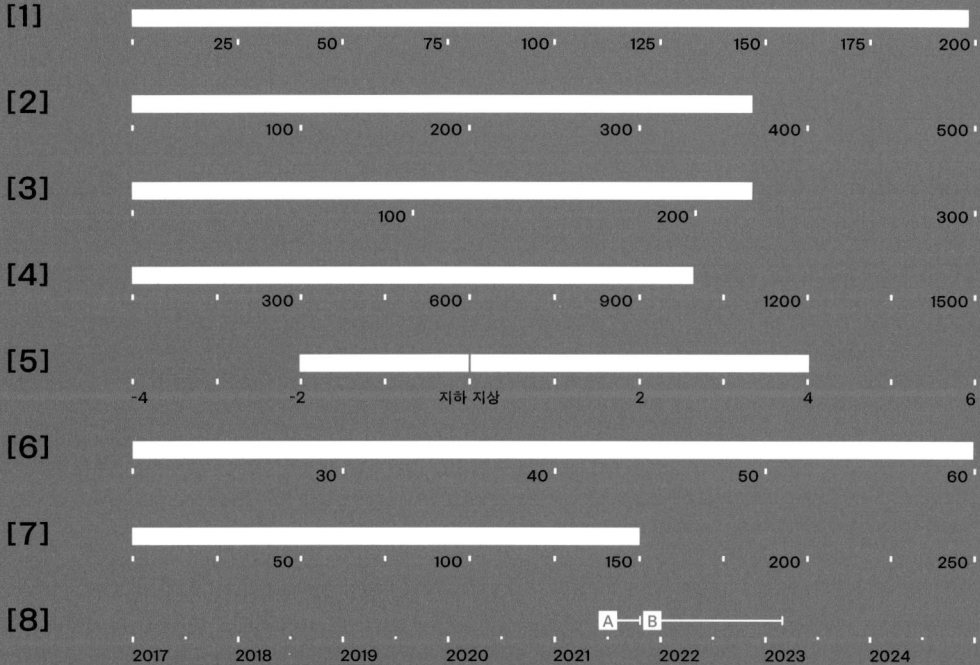

1 대지회복률(%)　Land recovery ratio
2 대지면적(㎡)　Site area
3 건축면적(㎡)　Building area
4 연면적(㎡)　Gross floor area
5 층수(지하/지상)　Floor
6 건폐율(%)　Building to land ratio
7 용적률(%)　Floor area ratio
8 설계기간(A)　Design period(A)
　시공기간(B)　Construction period(B)

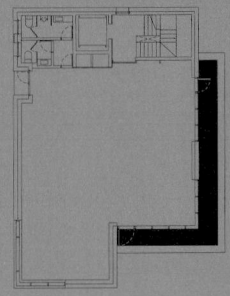
4F

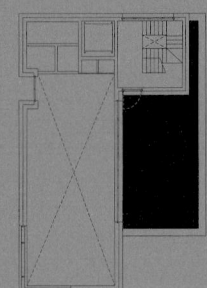
Rooftop

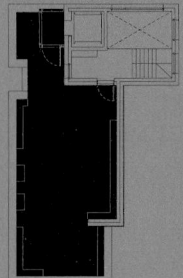
Rooftop

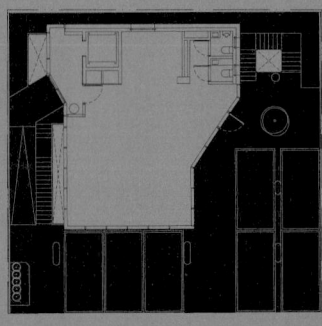
1F

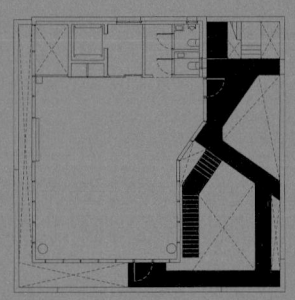
2F

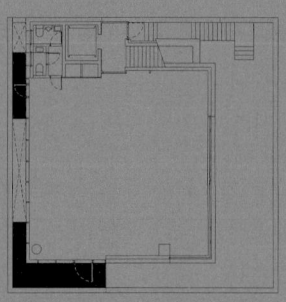
3F

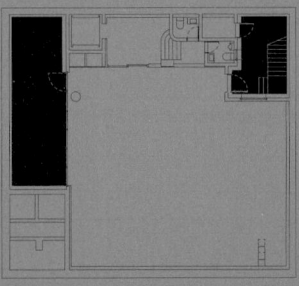
-2F

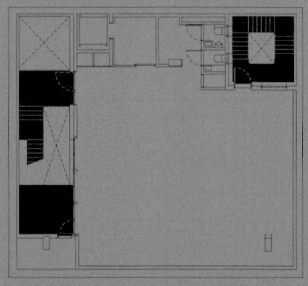
-1F

■ 회복면적

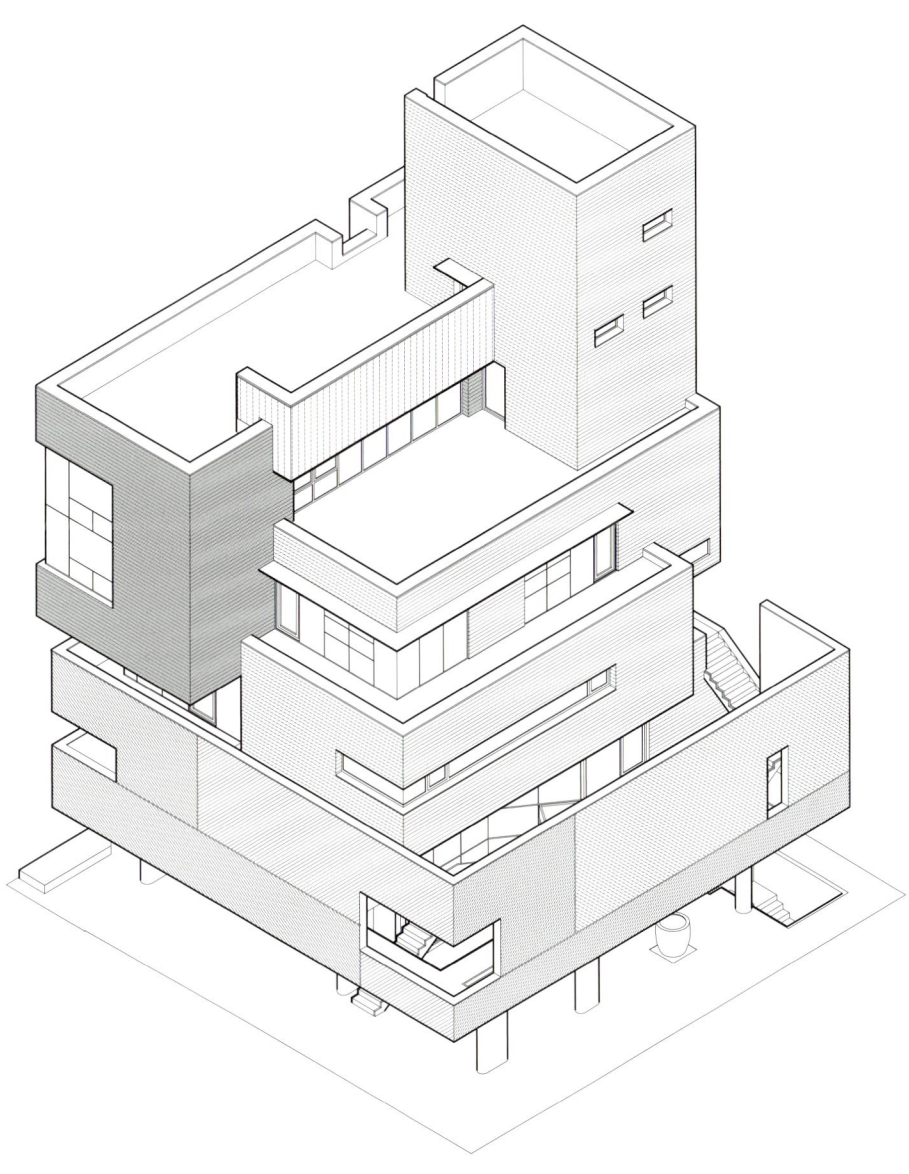

위치	서울특별시 강남구 언주로133길 16-5	설계	조성욱
용도	제2종근린생활시설	설계담당	이동성, 한유림, 강창구, 배성원
구조	철근콘크리트조	구조설계	이든구조컨설턴트
외부마감	벽돌, 콘크리트 노출	시공	대창종합건설
내부마감	콘크리트 노출	건축주	주식회사 토브헤세드

논현동에 사무실이 있는 건축주는 동네를 산책하면서 이미 우리가 설계한 근린생활시설들을 자주 보았다고 전했다. 그는 우리의 어휘를 살린 입체감 있는 형태로 지역의 상징이 될 수 있는 건물을 지어 달라고 요청했다. 규모를 산정했을 때 대략 지하 2층, 지상 4층 정도였고, 4층은 건축주의 사무공간으로, 그 외의 층은 임대공간으로 설정하고 설계를 시작했다.

대지 동쪽에 도로가 있고, 북쪽으로는 일조권 높이제한을 적용받아 전체적으로 건물이 남쪽으로 물러선 배치가 나왔다. 일조권 높이제한으로 인해 자연스럽게 만들어진 계단식 테라스는 다양한 모습으로 층마다 다른 느낌의 내부공간과 연결된다. 또 임대를 목적으로 한 공간인 만큼 지하에도 별도의 진입 동선을 두고, 채광을 위해 남쪽과 북쪽 2개의 성큰 가든을 계획했다.

성큰 가든의 계단과 상층부 외부 계단을 전면도로 쪽에 배치하여 이곳을 처음 방문하는 사람이더라도 출입구를 쉽게 인지할 수 있도록 했다. 특히 1, 2층에 걸쳐 조성된 외부공간은 보행자 시각에서 가장 눈에 띄는 N8311의 핵심 공간이다. 1층 지상 주차장의 상부에 설치된 이 브리지는 공간을 자유롭게 가로지르는 공중의 프롬나드이다.

건폐율로 인해 대지에는 언제나 빈 공간이 생긴다. 그중 일조권 높이제한 규정이 작용하는 9m 높이의 외부공간을 활용하는 것이 이 프롬나드 계획의 시작이었다. 제한된 건축면적 안에서 브리지처럼 이어진 바닥판과 그를 감싸는 공중 벽체가 2층에서 시작해 3층 테라스까지 연결된다. 이에 따라 밀도 높은 논현동에서 위요감이 있고 프라이버시가 보호되는 외부공간이 생겨났다. 계수나무 한 그루가 1층 주차장의 삭막함을 상쇄한다. 프롬나드 사이로 자란 푸른 이파리는 2층까지 밝은 느낌을 더해주고 있다.

1, 2층에 걸쳐 조성된 외부공간은 보행자 시각에서 가장 눈에 띄는 N8311의 핵심 공간이다. 1층 지상 주차장의 상부에 설치된 이 브리지는 공간을 자유롭게 가로지르는 공중의 프롬나드이다.

앞서 우리가 설계했던 논현동 근린생활시설들은 대체로 벽돌로 마감한 매스의 중첩이었다. N8311은 노출콘크리트로 구성된 무게감 있는 매스 위로 가벼운 느낌의 벽돌 매스, 그 위로 밝은 유글라스 매스를 배치한, 재료의 조화를 이루었다. 특히 4층의 벽돌 매스는 건축주를 위한 사무공간으로, 높은 층고와 큰 창이 시원한 개방감을 만들고 있다. 그 위로 2개 층에 걸쳐 조성된 옥상은 유글라스 난간이 서로 향하는 시선을 적절히 분리하므로 독립적인 활용이 가능하다.

논현동에서는 높은 지가의 경제성과 효율성이 우선되어 외부공간을 여유롭게 두기 어렵다. 그러나 외부공간이 견인할 내부공간의 가치 상승을 인정한 건축주의 의지, 법규 속에서 개성 있는 공간을 만들어 내기 위한 건축가의 고민으로 인해 풍요로운 건축물이 탄생했다.

N8311은 노출콘크리트로 구성된 무게감 있는 매스 위로 가벼운 느낌의 벽돌 매스, 그 위로 밝은 유글라스 매스를 배치한, 재료의 조화를 이룬 건축물이다.

Location
16-5, Eonju-ro 133-gil,
Gangnam-gu, Seoul, Korea

Program
Office, Commercial

Structure
Reinforced concrete

Exterior finishing
Brick, Exposed concrete

Interior finishing
Exposed concrete

Architect
Joh Sungwook

Design team
Lee Dongseong
Han Yurim
Kang Changgu
Bae Seongwon

Structural engineer
Eden Structural Consultant

Construction
Daechang Construction

Client
Tovhesed

The client said that when they walked around Nonhyeon-dong, they often saw the neighbourhood facilities we had already designed. They have asked us to create a building that can become an icon of the neighbourhood, with a stereoscopic form that uses our vocabulary. We started the design with the idea that the building would have two basement floors and four floors above ground, with the fourth floor for the client's office and the other floors for rental space.

With the road on the east side of the site and the sunlight height restriction on the north side, the overall layout of the building was set back to the south. The terraces, which are naturally created due to the sunlight height restrictions, are varied in appearance and lead to different interior spaces on each floor.

The exterior staircase to the upper level was placed on the front roadside, making the entrance easily recognisable to anyone visiting the site for the first time. In particular, the exterior spaces on the first and second floors are the core of N8311, the most prominent from a pedestrian perspective. Installed at the top of the ground-level car park, the bridge is an aerial promenade that freely traverses the space.

Due to the building coverage ratio, the land always has empty spaces. The plan for the promenade began by utilising the 9m high exterior space, which is subject to sunlight height restrictions. The minimum building area allowed for in the empty space means that the bridge-like floor plates and the aerial walls that surround them wrap around the second and third floors and the terrace. It creates an exterior space with a sense of enclosure and privacy in a densely populated Nonhyeon-dong neighbourhood. In addition, a cassia tree offsets the desolated scenery of the ground floor car park. The green foliages overhanging the promenade add a bright touch to the second floor.

The neighbourhood living facilities we previously designed in Nonhyeon-dong mostly overlap with masses made of bricks. The N8311 is a harmony of materials, with a heavy mass of exposed concrete over a light brick mass and a light U-glass mass above. In particular, the brick mass on the fourth floor is the client's office, where the high floor level and large windows create a sense of openness. The rooftop, which is constructed over two floors, can be used independently as the U-glass railing appropriately separates the sight from each other.

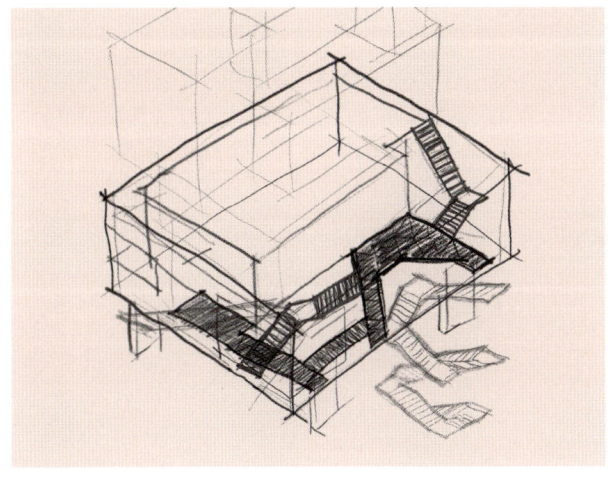

[p.179] The exterior spaces on the first and second floors are the core of N8311, the most prominent from a pedestrian perspective. Installed at the top of the ground-level car park, the bridge is an aerial promenade that freely traverses the space.

[p.181] The N8311 is a harmony of materials, with a heavy mass of exposed concrete over a light brick mass and a light U-glass mass above.

[pp.188–189] The minimum building area allowed for in the empty space means that the bridge-like floor plates and the aerial walls that surround them wrap around the second and third floors and the terrace. It creates an exterior space with a sense of enclosure and privacy in a densely populated Nonhyeon-dong neighbourhood.

[p.190] The brick mass on the fourth floor is the client's office, where the high floor level and large windows create a sense of openness.

[p.191] We started the design with the idea that the building would have two basement floors and four floors above ground, with the fourth floor for the client's office and the other floors for rental space.

[p.192] The exterior staircase was placed on the front roadside, making the entrance easily recognisable to anyone visiting the site for the first time.

[p.193] A cassia tree offsets the desolated scenery of the ground floor car park. The green foliages overhanging the promenade add a bright touch to the second floor.

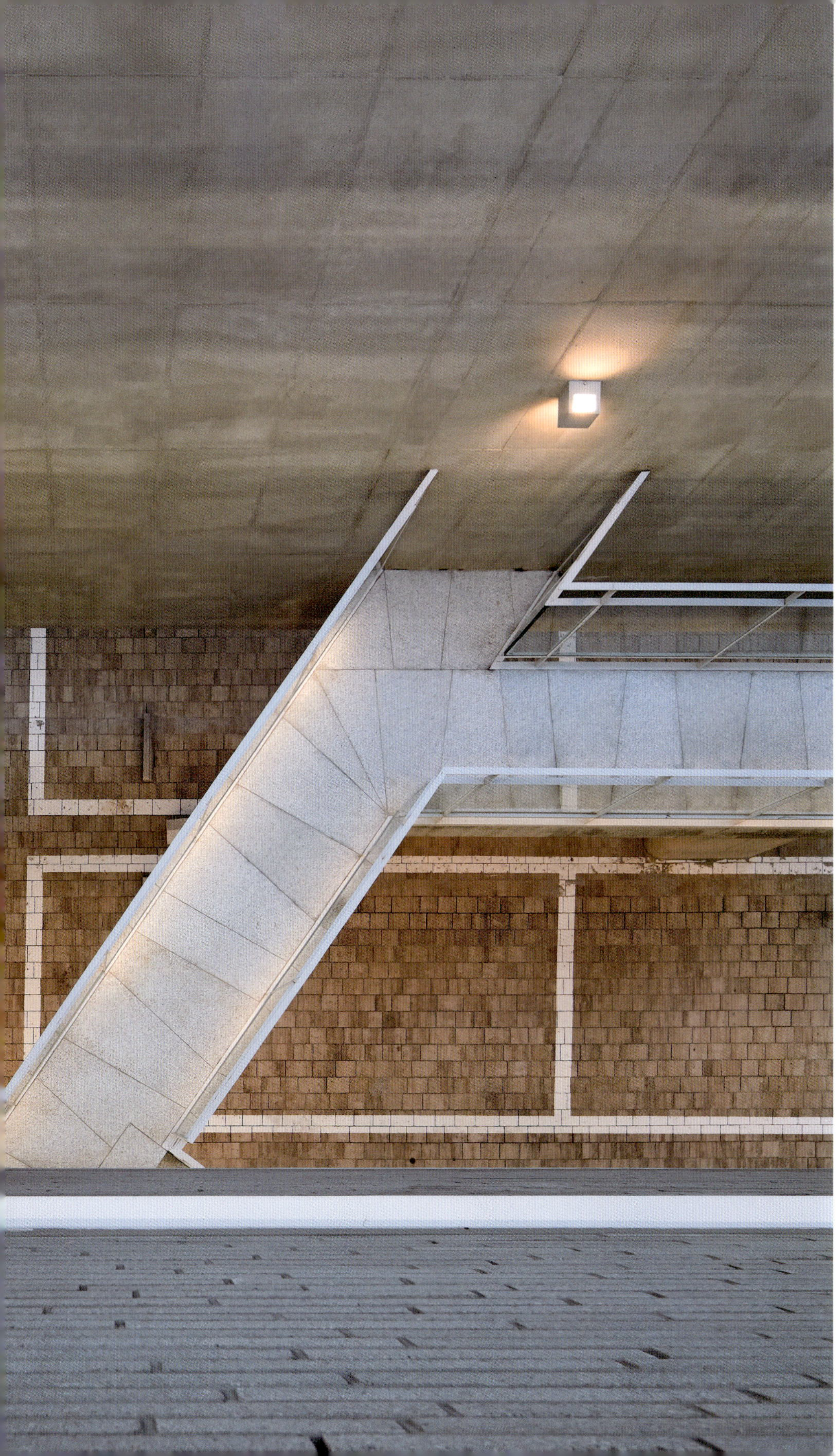

제한된 건축면적 안에서 브리지처럼 이어진
바닥판과 그를 감싸는 공중 벽체가 2층에서
시작해 3층 테라스까지 연결된다. 이에
따라 밀도 높은 논현동에서 위요감이 있고
프라이버시가 보호되는 외부공간이 생겨났다.

←
4층의 벽돌 매스는 건축주를 위한
사무공간으로, 높은 층고와 큰 창이
시원한 개방감을 만들고 있다.

↑
규모를 산정했을 때 대략 지하 2층,
지상 4층 정도였고, 4층은 건축주의
사무공간으로, 그 외의 층은 임대공간으로
설정하고 설계를 시작했다.

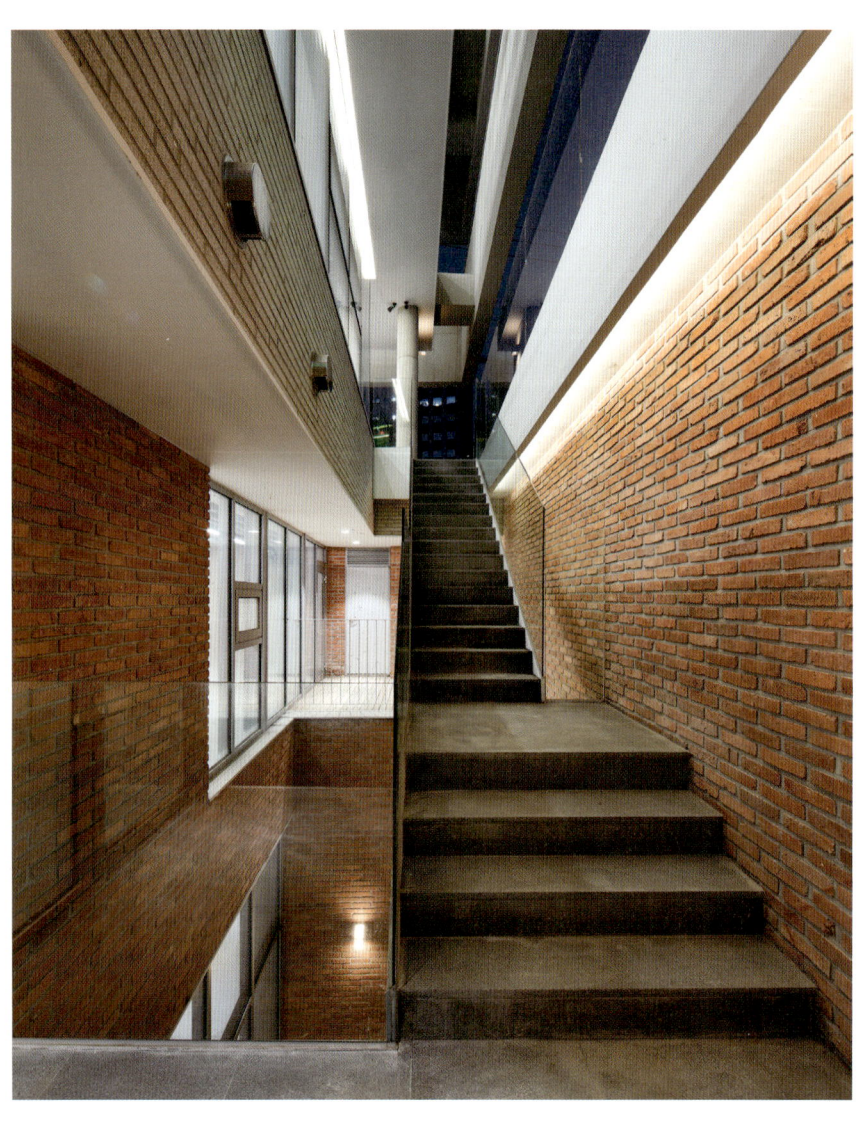

←
외부 계단을 전면도로 쪽에 배치하여
이곳을 처음 방문하는 사람이더라도
출입구를 쉽게 인지할 수 있도록 했다.

↑
한 그루 계수나무가 1층 주차장의 삭막함을
상쇄한다. 프롬나드 사이로 자란 푸른
이파리는 2층까지 밝은 느낌을 더해주고 있다.

N266

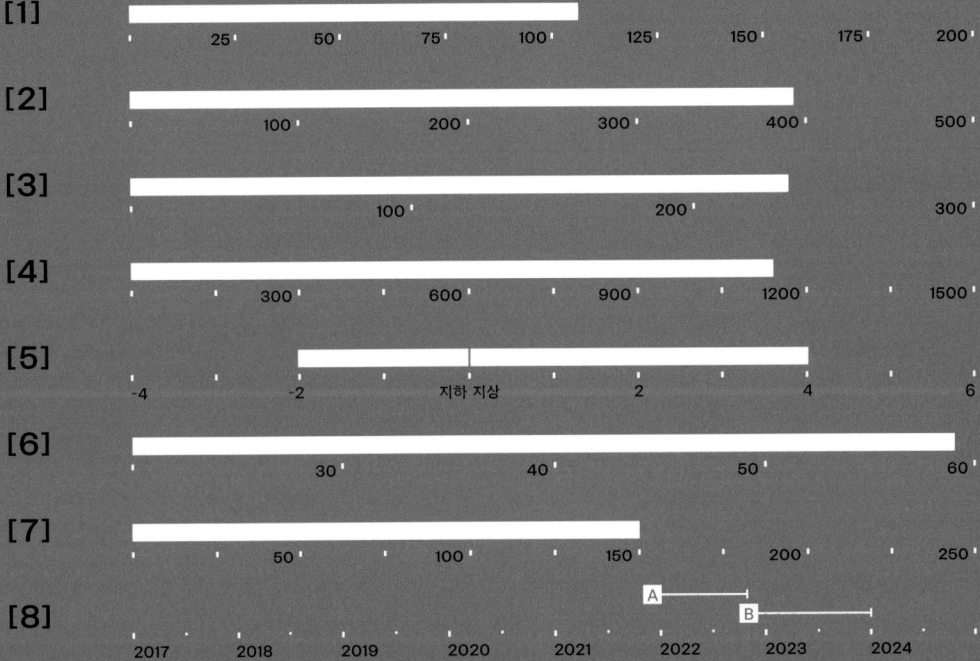

1 대지회복률(%) Land recovery ratio
2 대지면적(㎡) Site area
3 건축면적(㎡) Building area
4 연면적(㎡) Gross floor area
5 층수(지하/지상) Floor
6 건폐율(%) Building to land ratio
7 용적률(%) Floor area ratio
8 설계기간(A) Design period(A)
   시공기간(B) Construction period(B)

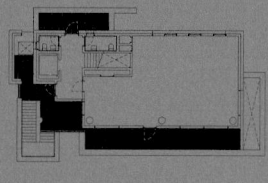
3F

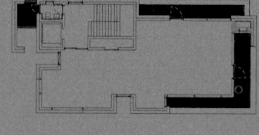
4F

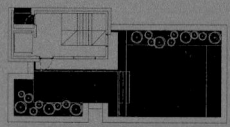
Rooftop

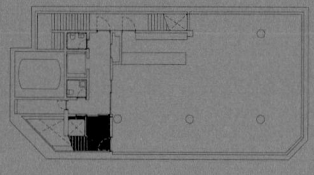
-1F

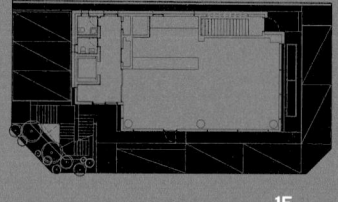
1F

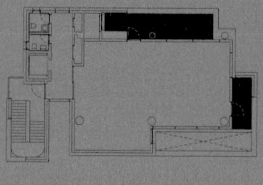
2F

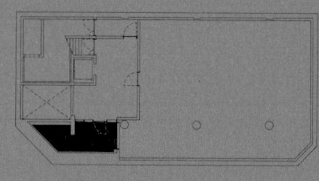
-2F

■ 회복면적

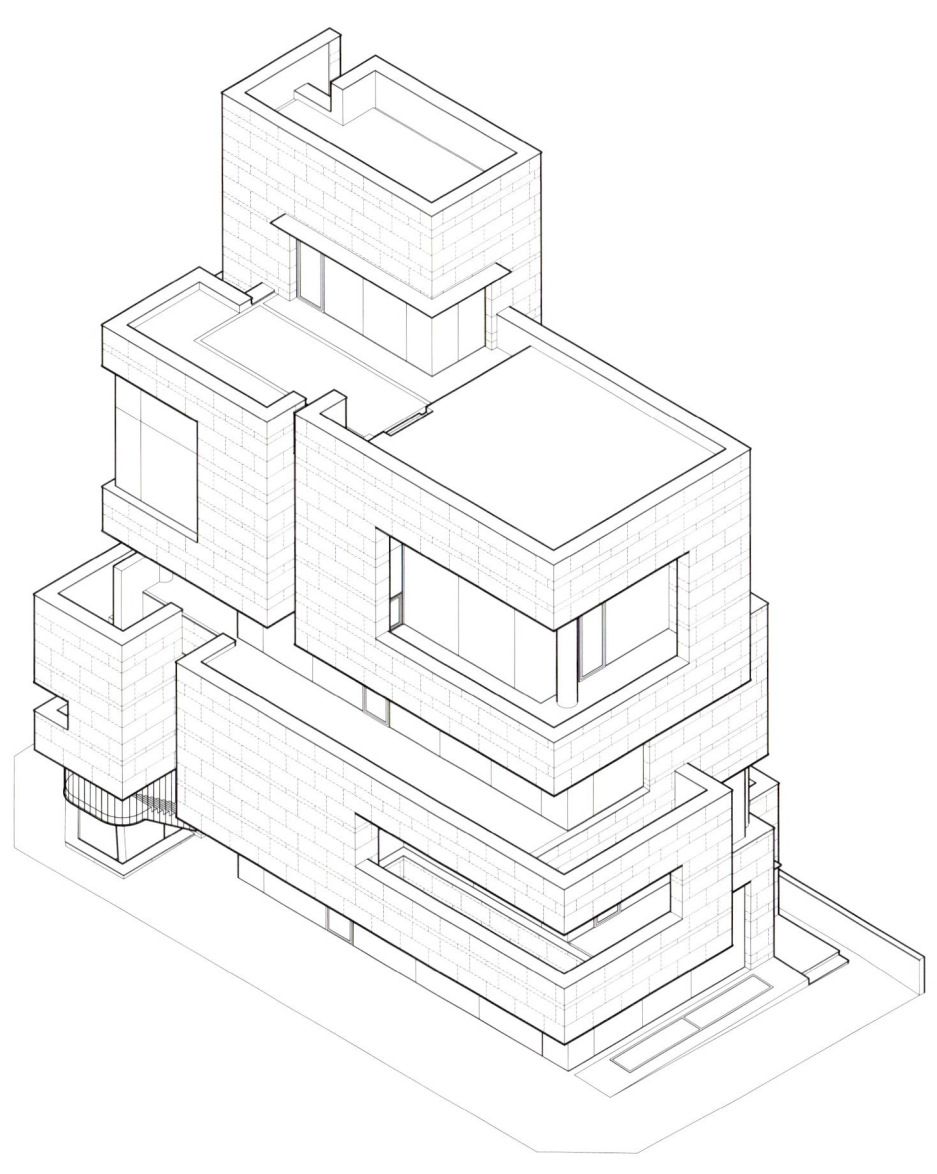

위치	서울특별시 강남구 봉은사로49길 50	설계	조성욱
용도	제2종근린생활시설	설계담당	김왕건, 김여경
구조	철근콘크리트조	구조설계	SDM구조기술사사무소
외부마감	석재	시공	제이아키브
내부마감	콘크리트 노출	건축주	(주)피엔제이개발

보편적인 규모의 땅에 보편적인 높이와 크기,
법적 제한으로 생긴 보편적 형태의 건물들이
논현동의 거리를 메우고 있다. 부지는 격자형
그리드 안에서 일률적인 형태와 크기를 지니며
건폐율, 용적률, 일조권 높이제한선, 층수 제한
등과 같은 3차원적 조건을 통해 한 건물의 밀도를
규정한다. 사선으로 깎여 있는 형태의 북쪽 상층부,
남쪽을 향하는 커다란 창, 지어질 당시 시대 상황을
드러내는 건물의 외피와 같은 일종의 버내큘러가
자리 잡은 배경이다. 그러한 논현동의 보편적
주거시설 사이에 N266은 건물의 효용성을 높이기
위해 고민한 프로젝트이다.

해당 대지는 3면이 도로에 접해 있고 각각의
도로가 강남 주요 가로에 연결되어 접근성이 좋다.
또한 상대적으로 지대가 높은 논현2동이라 주변과
레벨 차가 거의 없이 평지에 가까웠다. 말 그대로
상가 건물 최상의 입지 조건이었다. 이러한 물리적
상황 속에서 직사각형 덩어리를 단순하게 적층하는
것에서 계획을 시작했다. 세로로 긴 장방형 대지의
형태와 전 층을 최대한의 임대공간으로 구성하고자
했던 건축주의 요구사항을 고려했던 것이다.
1층에서 가장 큰 면적을 차지하는 전용공간을
남쪽에 배치하고 북쪽에는 공용공간(홀,
엘리베이터, 계단실 등)을 최소한으로 배치하여
상업공간의 효용성을 높였다.

건축주는 우리의 상업시설 프로젝트 특징인 매스의
분절, 어긋나 있는 형태, 그로 인해 생기는 내외부의
연결 및 분리 등이 N266에 충분히 녹아들기를
원했다. 이 개념은 N266 전면에서 두드러지게
나타난다. 한 층씩 쌓아 올린 덩어리를 전용공간과
공용공간으로 구분하여 어긋나게 배치한 것이
바로 그 요구에 대한 우리만의 해석이다.

주변에는 붉은 계열의 벽돌을 사용한
다가구, 다세대 주택과 검은 계열의 석재를
사용한 근린생활시설이 몰려 있다. 이와 같은
환경에서 백색 계열의 화강석을 N266의
외장재로 사용해 밝은 색상의 건축물이
상대적으로 매력적이고 눈에 띄게 했다.

PROJECT N266

201

동시에 건물의 북쪽에 해당하는 좌측면과 동쪽에 해당하는 정면에서는 매스의 분절이 강하게 나타난다. 이는 북·서쪽 도로에 유동 인구가 많아 가장 큰 볼륨인 코어(계단실, 엘리베이터 홀)를 두어 주변을 압도하고 사람들의 시선을 끌기 위함이었다. 그러나 북서쪽으로는 일조권 높이제한이 있기 때문에 큰 볼륨을 배치하기 어려웠다. 이를 극복하고자 지하 포함 총 6개 층을 잇는 계단실을 3개로 분리하고 북쪽 땅을 활용하여 계단을 모두 다른 위치에 놓았다. 그 결과 각기 다른 계단실은 내부였다가 외부가 되며 건물의 전체 볼륨을 형성한다. 또한 1종 일반주거지역인 본 대지는 최대 4층이란 층수 제한이 있다. 이때 건물이 다소 작아 보일 수 있기 때문에 각 층 높이를 최대한 높게 하고 이중 외피를 적극적으로 활용했다. 종합하면 매스의 분절, 어긋나 있는 형태, 내외부의 연결, 이중 외피 등을 건물에 적용해 전체 볼륨감을 조화롭게 이루고자 했다.

주변에는 붉은 계열의 벽돌을 사용한 다가구, 다세대주택과 검은 계열의 석재를 사용한 근린생활시설이 몰려 있다. 이와 같은 환경에서 백색 계열의 화강석을 N266의 외장재로 사용해 밝은 색상의 건축물이 상대적으로 매력적이고 눈에 띄게 했다. 단색으로 구성한 것은 자칫 복잡해 보일 수 있는 형태를 정돈하고, 화강석의 단단한 성질은 분절된 건물의 간결함을 완성한다.

해당 대지는 3면이 도로에 접해 있고 각각의 도로가 강남 주요 가로에 연결되어 접근성이 좋다. 또한 상대적으로 지대가 높은 논현2동이라 주변과 레벨 차가 거의 없이 평지에 가까웠다.

Location
50, Bongeunsa-ro 49-gil,
Gangnam-gu, Seoul, Korea

Program
Office, Commercial

Structure
Reinforced concrete

Exterior finishing
Stone

Interior finishing
Exposed concrete

Architect
Joh Sungwook

Design team
Kim Wanggeon
Kim Yeokyung

Structural engineer
SDM Partners

Construction
Jarchiv

Client
P&J

The site is bordered on three sides by roads, each connecting to major Gangnam streets and providing easy access to the city centre. In addition, Nonhyeon 2-dong is relatively high, so there is almost no level difference with the surrounding area. Based on this physical situation, the plan started with simply stacking rectangular chunks. The design considered the site's vertically long, rectangular shape and the client's requirements, who wanted to configure all floors into the maximum leasable space. The efficiency of the commercial space was enhanced by placing the dedicated space, which occupies the most prominent area on the first floor, on the south side and minimising the public spaces, such as halls, elevators, and stairwells, on the north side.

The client wanted N266 to incorporate the concepts of mass segmentation, disjointed forms, and the resulting internal and external connections and disconnections that are present in our commercial projects. This concept is prominent on the front of the N266. The client's requirements were reflected in the misaligned arrangement of the masses, built up one story at a time into private and public spaces. At the same time, the mass is strongly segmented on the north and east façades of the building. It was to overwhelm the surroundings and draw people's attention by placing the most significant volume, the core (staircase and elevator hall), in the north due to the higher floating population on the north and west roads compared to the south. However, on the northwest side, there were height restrictions for solar access, which made it difficult to place large volumes.
To overcome this, the stairwells connecting the six floors, including the basement, were divided into three, and the land to the north was utilised so that the stairs were all in different positions. As a result, the different stairwells become internal

and then external, forming the overall volume of the building. In summary, the segmentation of mass, misaligned forms, internal and external connections, and double envelopes were applied as spatial elements inside and outside the building to create a harmonious overall sense of volume.

Surrounding the site are detached and multi-family houses in red brick and neighbourhood living facilities in black stone. N266's white cladding tidies up a potentially complex form, while the granite's hardness completes the segmented structure's simplicity.

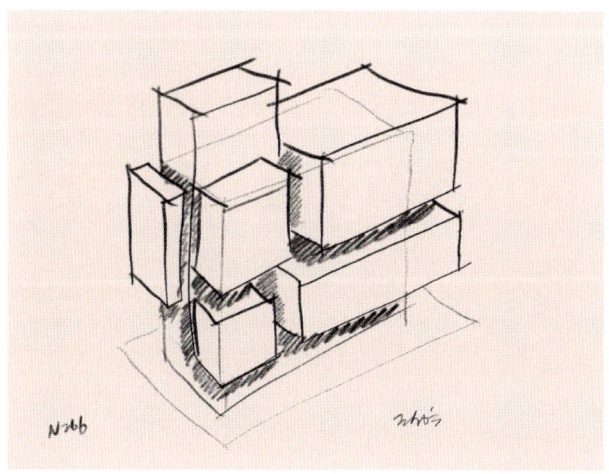

[p.199] Surrounding the site are detached and multi-family houses in red brick and neighbourhood living facilities in black stone. N266's white cladding tidies up a potentially complex form, while the granite's hardness completes the segmented structure's simplicity.

[p.203] The site is bordered on three sides by roads, each connecting to major Gangnam streets and providing easy access to the city centre. In addition, Nonhyeon 2-dong is relatively high, so there is almost no level difference with the surrounding area.

[p.206] The stairwells connecting the six floors, including the basement, were divided into three, and the land to the north was utilised so that the stairs were all in different positions. As a result, the different stairwells become internal and then external, forming the overall volume of the building.

[p.207] The mass is strongly segmented on the north and east façades of the building.

지하 포함 총 6개 층을 잇는 계단실을
3개로 분리하고 북쪽 땅을 활용하여
계단을 모두 다른 위치에 놓았다. 그 결과
각기 다른 계단실은 내부였다가 외부가
되며 건물의 전체 볼륨을 형성한다.

건물의 북쪽에 해당하는 좌측면과
동쪽에 해당하는 정면에서는 매스의
분절이 강하게 나타난다.

Y725

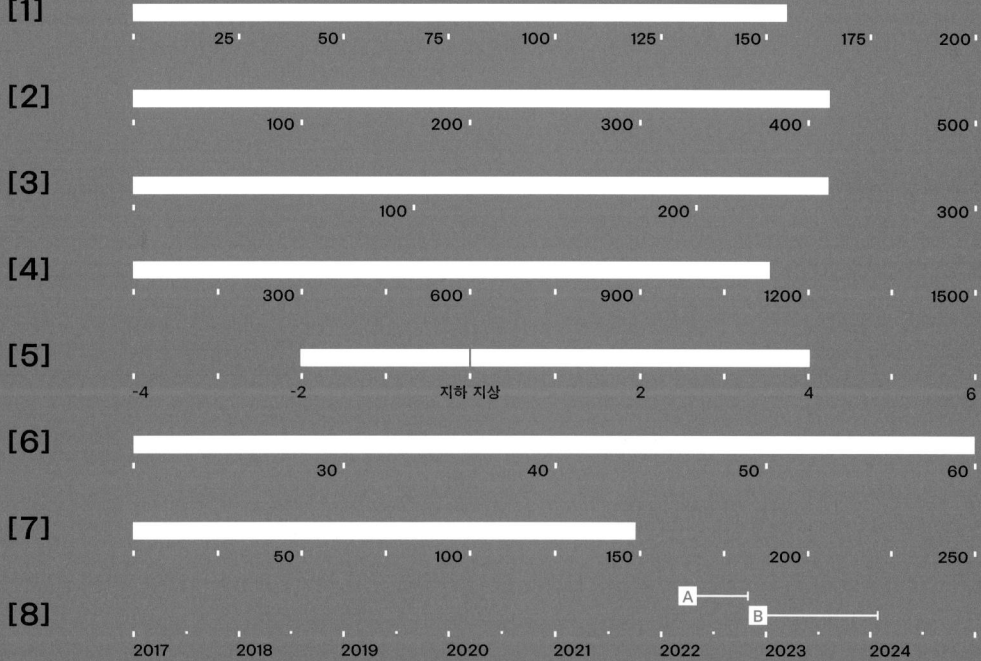

1 대지회복률(%) Land recovery ratio
2 대지면적(㎡) Site area
3 건축면적(㎡) Building area
4 연면적(㎡) Gross floor area
5 층수(지하/지상) Floor
6 건폐율(%) Building to land ratio
7 용적률(%) Floor area ratio
8 설계기간(A) Design period(A)
   시공기간(B) Construction period(B)

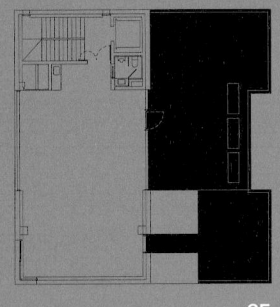
3F

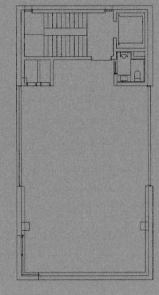
4F

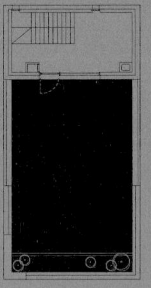
Rooftop

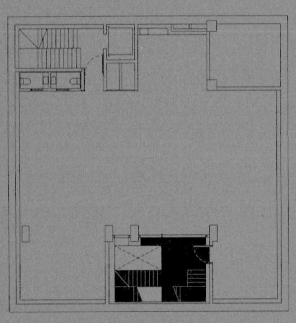
-1F

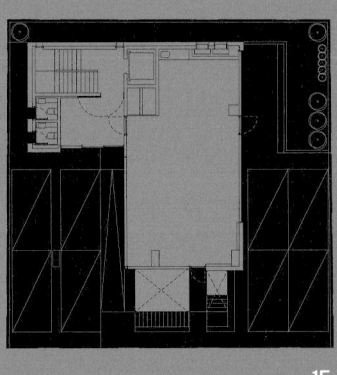
1F

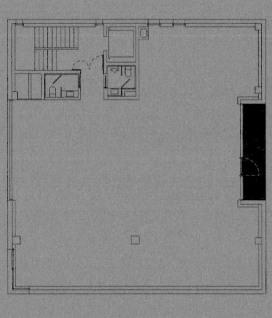
2F

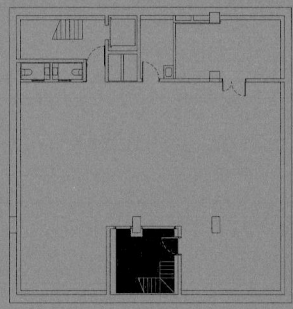
-2F

■ 회복면적

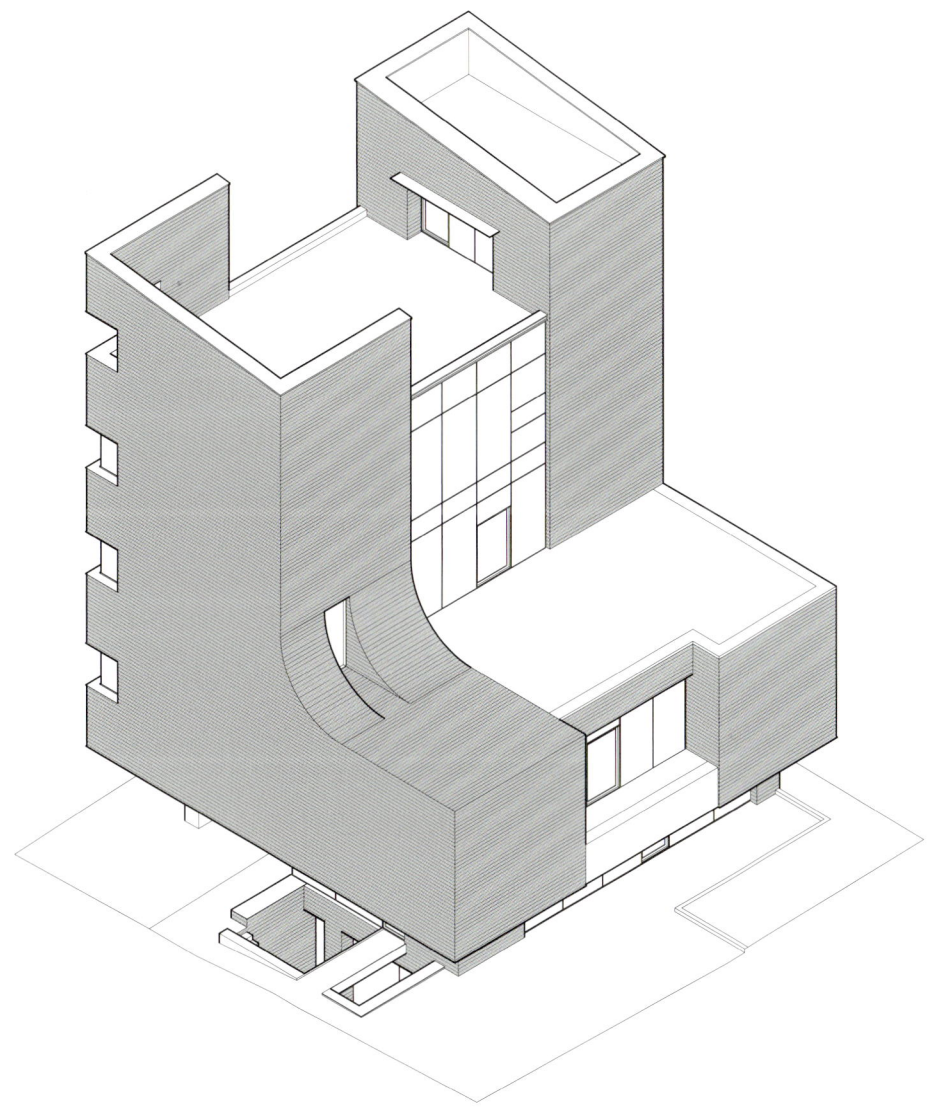

위치	서울특별시 강남구 테헤란로28길 34	설계	조성욱
용도	제2종근린생활시설	설계담당	성진협
구조	철근콘크리트조	구조설계	SDM구조기술사사무소
외부마감	벽돌	시공	더프레임
내부마감	콘크리트 노출	건축주	(주)욱은

Y725는 테헤란로와 논현로가 교차하는 블록에 있다. 고층건물이 즐비한 도로에서 한 블록 안쪽, 노후 건물부터 신축 건물까지 다양한 연식의 건물이 어우러진 곳에 자리 잡았다.

주거지역에서는 일조권 높이제한으로 인해 건물 상부가 사선으로 줄어드는 모습을 보인다. 이런 법규를 적용하여 개성 있는 공간을 요구하는 현시대에 적합한 공간을 구성했다. 2층은 상대적으로 넓은 70평으로, 상층부는 일반 사무소 규모인 35평으로 계획했다. 2층 면적의 절반만 쌓아 올려 ㄴ자 형태를 보이도록 한 것이다. 중층의 커다란 외부공간은 모든 층에서 접근할 수 있어 누구나 사용할 수 있다.

전면도로는 북쪽에서 남쪽으로 약 1m의 높이 차가 있다. 건물 양옆으로 연접주차해 4대씩 총 8대의 주차를 계획하고, 레벨이 낮은 쪽에 주 출입구를 둬 상대적으로 높은 층고를 확보할 수 있었다. 덕분에 주 출입구의 개방감이 좋다. 도로에 면한 지하층에는 성큰 가든과 직통 계단을 두어 접근성을 높였다.

주차장 사이로 1층 실내가 있고, 도로로 뻗은 브리지도 있다. 성큰 가든을 통한 지하층 진입, 브리지를 통해 들어가는 1층 실내, 1층에서 상층부로 향하는 계단, 이 세 가지 이동 동선을 명확하게 분리하여 공간 이용의 편리함을 도모하였다.

주차장을 필로티로 계획하면서 ㄴ자 매스를 떠받드는 건물의 형태가 자연스럽게 나왔다. 곡면을 만들듯 1층 필로티의 상부 슬라브를 부드럽게 구부려 상하부가 자연스럽게 이어지는 모습을 유도했다.

주차장을 필로티로 계획하면서 ㄴ자 매스를 떠받드는 건물의 형태가 자연스럽게 나왔다. 곡면을 만들듯 1층 필로티의 상부 슬라브를 부드럽게 구부려 상하부가 자연스럽게 이어지는 모습을 유도했다. 건물 전체 비례감을 위해 옥상층 가벽을 한 층 높이만큼 올렸는데, 이 가벽으로 인해 오롯이 감싸진 외부공간이 생겨났다.

외부는 검정 전벽돌로 마감했다. 계획 초기 여러 재료를 물색하던 중 '쌓는다'라는 벽돌의 구축법을 주목했고, 우리 또한 다양한 생각을 쌓아 건물을 짓는다는 의미에서 선택했다. 멀리서 보면 하나의 매스로 보이지만, 가까이에서 보면 하나하나 쌓인 벽돌이 많은 생각과 고민을 한 건축과 닮았다고 생각한다.

주거지역에서는 일조권 높이제한으로 인해 건물 상부가 사선으로 줄어드는 모습을 보인다. 이런 법규를 적용하여 개성 있는 공간을 요구하는 현시대에 적합한 공간을 구성했다. 2층은 상대적으로 넓은 70평으로, 상층부는 일반 사무소 규모인 35평으로 계획했다.

Location
34, Teheran-ro 28-gil,
Gangnam-gu, Seoul, Korea

Program
Office, Commercial

Structure
Reinforced concrete

Exterior finishing
Brick

Interior finishing
Exposed concrete

Architect
Joh Sungwook

Design team
Sung Jinhyup

Structural engineer
SDM Partners

Construction
Theframe construction

Client
Wookeun

Y725 is a building in the block at the intersection of Teheran-ro and Nonhyeon-ro. It is tucked away in a block off a road lined with skyscrapers, in a mix of buildings ranging in age from old to new.

In residential areas, the upper part of the building is generally reduced to a diagonal line due to the height limitations for sunlight. By applying these laws and regulations, we have created a space suitable for today's demand for unique spaces. The second floor is relatively spacious at 231.4m^2, while the upper floor is 115.7m^2, the size of a typical office. Only half of the area of the second floor was stacked to give a L-shape. The large exterior space on the mezzanine level is accessible from all floors and can be used by everyone.

The road has a height difference of about 1m from north to south. Eight car parks were planned, four on each side of the building. The main entrance was located on the lower level, allowing for a relatively high floor level. It gives the main entrance an excellent sense of openness. The basement level, which faces the street, has a direct staircase to the sunken garden, making it more accessible.

There is a first floor interior through the car park and a bridge over the road. The design separates the three movements-access to the basement through the sunken garden, the ground floor interior through the bridge, and the staircase from the ground floor to the upper floors-to facilitate the use of the space.

Planning the car park as a piloti, the form of the structure supporting the L-shaped mass came naturally. The top slab of the first floor piloti was gently curved to create a curved surface, creating a natural transition from top to bottom.

To give the building a sense of proportion, the false wall at the rooftop level was raised by one storey to create a fully enclosed exterior space.

The exterior is finished in black brick. When we were looking for materials in the early stages of planning, we noticed the brick construction method of "stacking," and we chose it because it involves building a structure by stacking various thoughts. From a distance, it looks like a mass, but up close, it resembles architecture, where each brick is stacked with great thought and consideration.

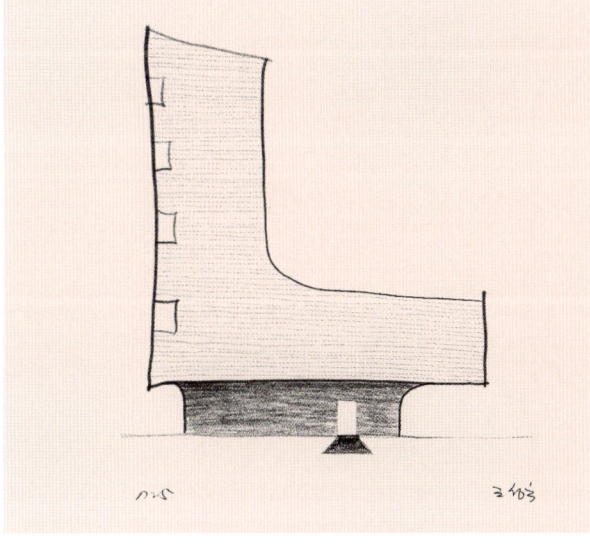

[p.215] Planning the car park as a piloti, the form of the structure supporting the L-shaped mass came naturally. The top slab of the first-floor piloti was gently curved to create a curved surface, creating a natural transition from top to bottom.

[p.217] In residential areas, the upper part of the building is generally reduced to a diagonal line due to the height limitations for sunlight. By applying these laws and regulations, we have created a space suitable for today's demand for unique spaces. The second floor is relatively spacious at 231.4㎡, while the upper floor is 115.7㎡, the size of a typical office.

[p.220] Only half of the area of the second floor was stacked to give a L-shape. The large exterior space on the mezzanine level is accessible from all floors and can be used by everyone.

[p.221] The basement level, which faces the street, has a direct staircase to the sunken garden, making it more accessible.

[p.224]The exterior is finished in black brick. When we were looking for materials in the early stages of planning, we noticed the brick construction method of "stacking," and we chose it because it involves building a structure by stacking various thoughts. From a distance, it looks like a mass, but up close, it resembles architecture, where each brick is stacked with great thought and consideration.

[p.225]The design separates the three movements—access to the basement through the sunken garden, the ground floor interior through the bridge, and the staircase from the ground floor to the upper floors—to facilitate the use of the space.

← 2층 면적의 절반만 쌓아 올려 ㄴ자 형태를
보이도록 한 것이다. 중층의 커다란
외부공간은 모든 층에서 접근할 수 있어
누구나 사용할 수 있다.

↑ 도로에 면한 지하층에는 선큰 가든과
직통 계단을 두어 접근성을 높였다.

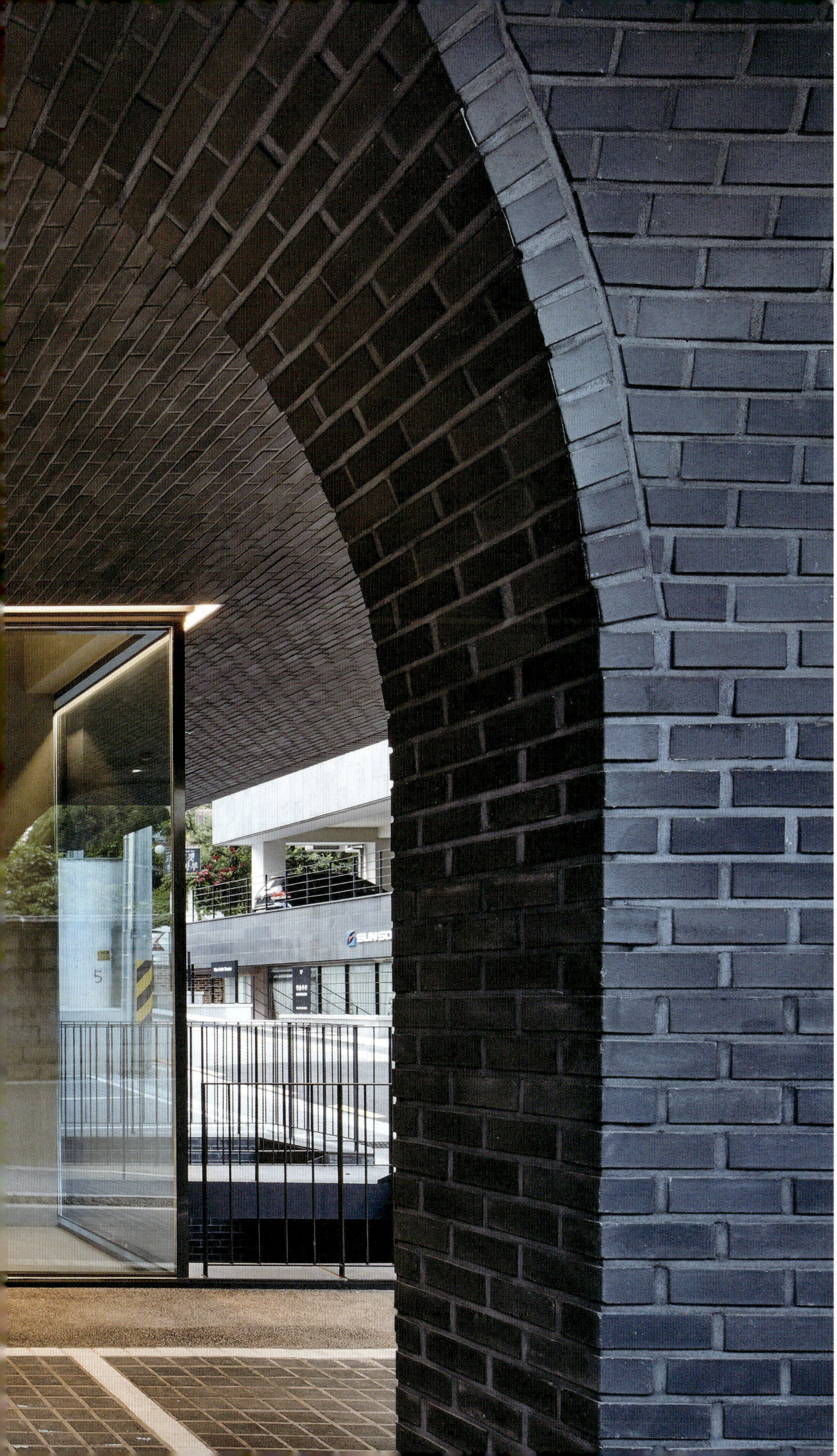

←
외부는 검정 전벽돌로 마감했다.
계획 초기 여러 재료를 물색하던 중
'쌓는다'라는 벽돌의 구축법을 주목했고,
우리 또한 다양한 생각을 쌓아 건물을
짓는다는 의미에서 선택했다. 멀리서
보면 하나의 매스로 보이지만, 가까이에서
보면 하나하나 쌓인 벽돌이 많은 생각과
고민을 한 건축과 닮았다고 생각한다.

↑
성큰 가든을 통한 지하층 진입, 브리지를
통해 들어가는 1층 실내, 1층에서 상층부로
향하는 계단, 이 세 가지 이동 동선을 명확하게
분리하여 공간 이용의 편리함을 도모하였다.

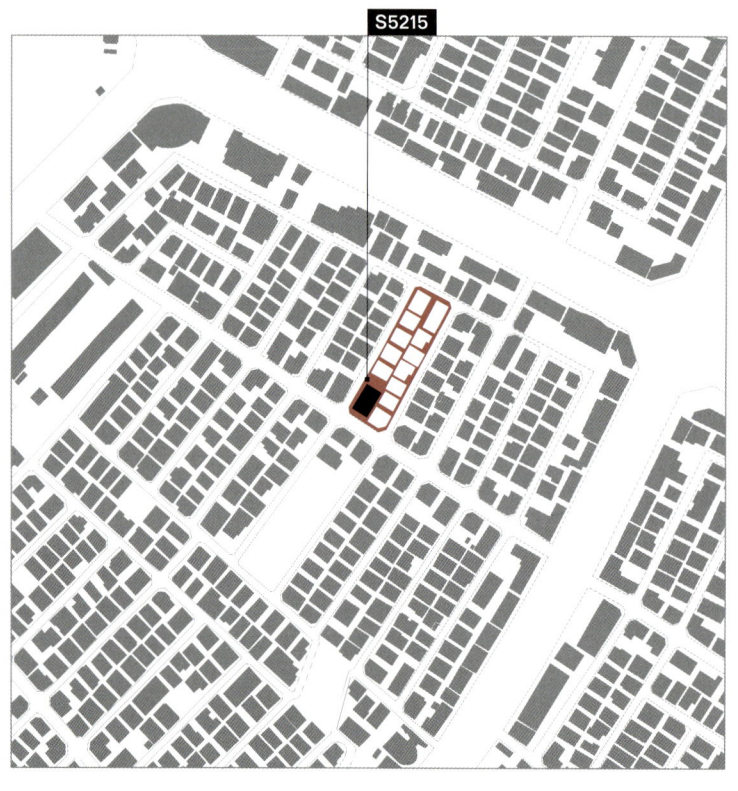

S5215

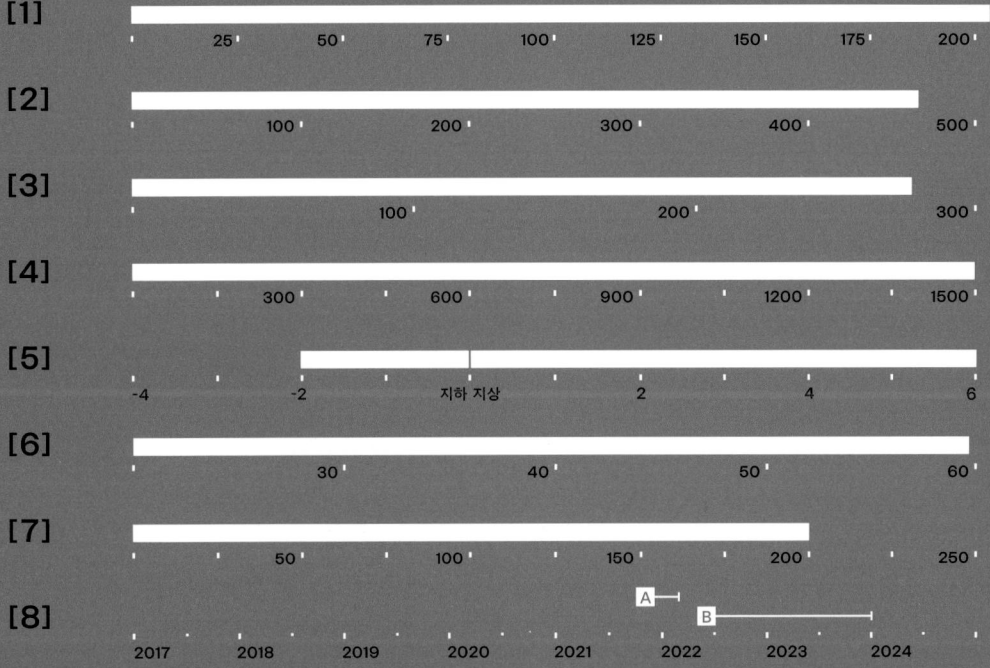

1　대지회복률(%)　Land recovery ratio
2　대지면적(㎡)　Site area
3　건축면적(㎡)　Building area
4　연면적(㎡)　Gross floor area
5　층수(지하/지상)　Floor
6　건폐율(%)　Building to land ratio
7　용적률(%)　Floor area ratio
8　설계기간(A)　Design period(A)
　　시공기간(B)　Construction period(B)

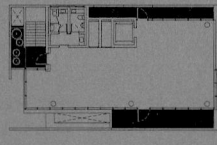
5F

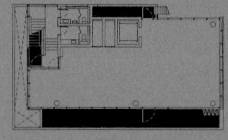
6F

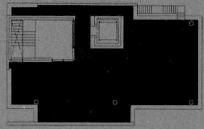
Rooftop

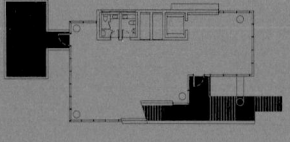
2F

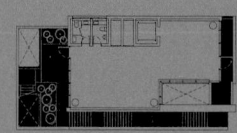
3F

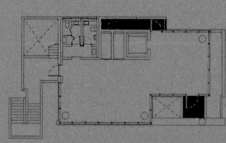
4F

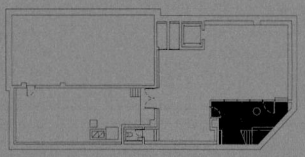
-2F

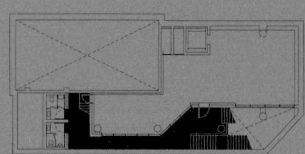
-1F

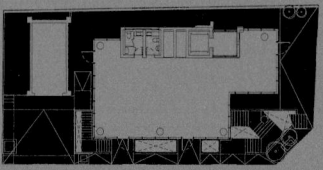
1F

■ 회복면적

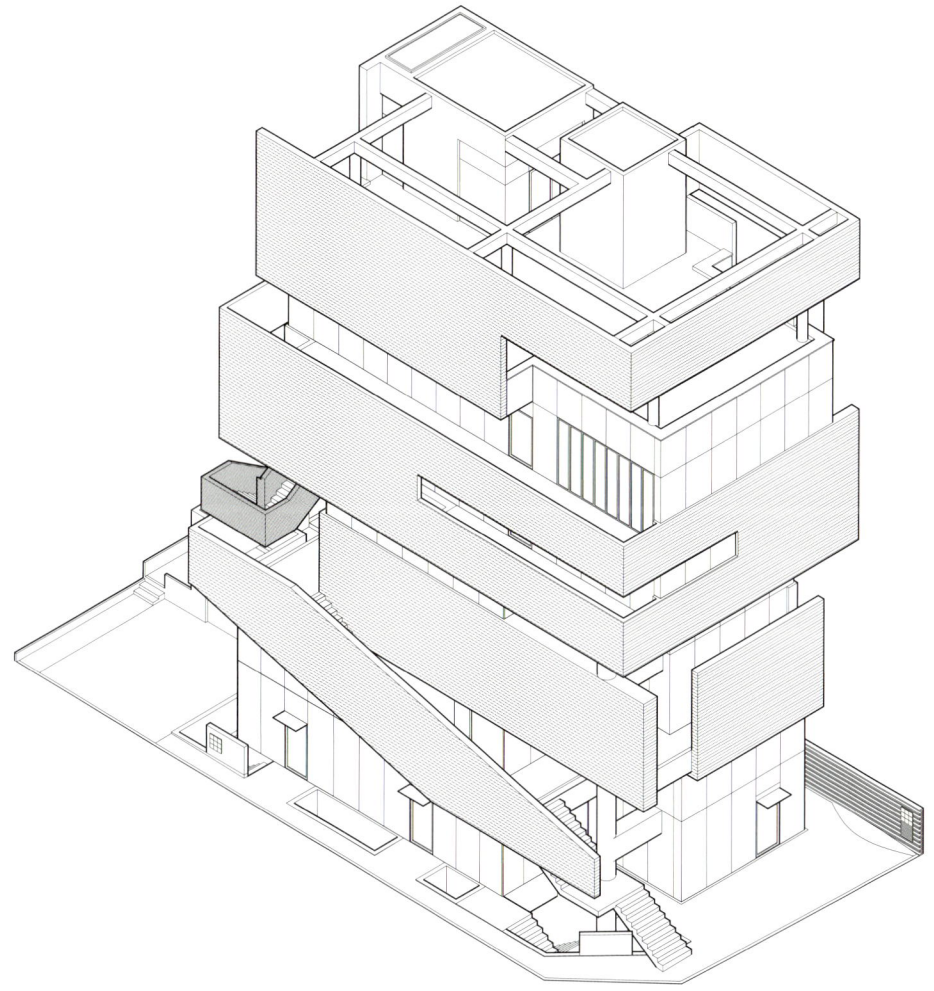

위치	서울특별시 송파구 백제고분로45길 18	설계	조성욱
용도	제2종근린생활시설	설계담당	김왕건, 장연재
구조	철골철근콘크리트구조	구조설계	SDM구조기술사사무소
외부마감	노출콘크리트	시공	제이아키브
내부마감	콘크리트 노출, CRC보드	건축주	(주)JMW 인터내셔날

석촌호수 일대는 백화점과 쇼핑센터, 각종 놀이 시설이 밀집한 곳으로, 잠실역을 남북으로 가로지르는 송파대로변에서 골목 안쪽까지 배후 상권이 두텁게 발달한 지역이다. 송파대로에서 동쪽으로 한 블록 들어가면 남북으로 통하는 골목길에 들어찬 상점들을 볼 수 있는데, 이 길이 바로 그 유명한 '송리단길'이다. 그리고 2015년 9호선 신논현-종합운동장 구간이 개통하면서 송리단길에서 한 골목 더 들어간 '신 송리단길' 또한 만들어졌다. 강남 일대 건축물 용도가 주거 중심에서 주거와 상업이 혼합된 모습으로 변한 것처럼 이곳도 주거지역에 상업 시설이 섞이면서 동네 모습이 변화를 거듭하고 있다. S5215는 신 송리단길의 중간에 위치했다. 2동의 다세대주택을 철거한 대지로, 인근에서는 비교적 큰 규모의 부지였다. 하지만 기존 신 송리단길이 가진 도시 맥락을 고려하여 건물이 튀어 보이지 않고 주변과 어우러지는 데 주안점을 뒀다.

송리단길은 유동 인구가 많고 대로변에 접한 1층 매장은 늘 붐빈다. 우리는 송리단길에 접해 코너에 자리한 대지 특성을 활용해 모든 층을 1층처럼 만들고자 했다. 즉, 지하 2층, 지상 6층의 건축물에 골목길과 바로 연결되는 길을 층마다 만들겠다고 생각한 것이다.

송리단길과 맞닿은 진입부는 지상 또는 지하로 가는 외부 계단과 이어진다. 지하 계단은 성큰 가든과 면해 있다. 상층부로 향하는 계단은 각 층에서 테라스를 통해 실내로 이어진다. 외부 계단과 테라스가 건물 외곽을 감싸면서 상부로 올라가기 때문에 이용자들은 층마다 달라지는 풍경을 느낄 수 있다. 계단이라는 건축 요소를 단순한 이동 공간이 아닌 송리단길의 확장으로 의도한 시도가 잘 드러나는 대목이다. 최상층에 도착하면 송파구 일대까지 조망할 수 있다. 최상층은 다공성의 가벽으로 마감해 인근 주거지의 프라이버시를 지키면서 조망을 충분히 확보한다.

건물의 형태는 이 길이 뚫고 가고 남은 것의 결정체여야 했다. 이 개념을 극대화하기 위해 외장재는 골조가 그대로 드러나는 노출콘크리트 하나로 정했다. 대신 단조로운 인상을 피하고자 유로폼 노출콘크리트를 사용하면서 선택적으로 송판 노출을 사용해 변화를 줬다.

건물의 형태는 이 길이 뚫고 가고 남은 것의
결정체여야 했다. 이 개념을 극대화하기 위해
외장재는 골조가 그대로 드러나는 노출콘크리트
하나로 정했다. 대신 단조로운 인상을 피하고자
유로폼 노출콘크리트를 사용하면서 선택적으로
송판 노출을 적용해 변화를 줬다. 바닥 마감은
송리단길이 건물 안으로 이어진 것처럼
느껴지도록 콩자갈 노출 포장으로 했다.

상층부로 향하는 계단은 각 층에서 테라스를
통해 실내로 이어진다. 외부 계단과 테라스가
건물 외곽을 감싸면서 상부로 올라가기 때문에
이용자들은 층마다 달라지는 풍경을 느낄 수
있다. 계단이라는 건축 요소를 단순한 이동
공간이 아닌 송리단길의 확장으로 의도한
시도가 잘 드러나는 대목이다.

Location
18, Baekjegobun-ro 45-gil, Songpa-gu, Seoul, Korea

Program
Office, Commercial

Structure
Steel framed reinforeced concrete structure

Exterior finishing
Exposed concrete

Interior finishing
Exposed concrete, Drywall

Architect
Joh Sungwook

Design team
Kim Wanggeon
Jang Yeonjae

Structural engineer
SDM Partners

Construction
Jarchiv

Client
JMW International

The area around Seokchonhosu Lake is densely populated with department stores, shopping centres, and various amusement facilities. It also has a thick rear commercial area from Songpa-daero, which runs north and south of Jamsil Station, to the back alleys. One block east of Songpa-daero, one can find shops lining the north-south alleyway, the famous Songridan Street. In 2015, the opening of the "Sinnonhyeon Station — Sports Complex Station" section of Subway Line 9 created the "New Songridan Street", which is located one alley further back from Songridan Street. Just as the architectural use of the Gangnam area has changed from residential to a mix of residential and commercial, the area is also undergoing a transformation as commercial facilities are mixed in with residential areas. 52-15 Songpa-dong is located in the middle of New Songridan Street. The site was relatively large, as two multi-family houses had been demolished. However, the main focus was on blending in with the surroundings, considering the existing urban context of New Songridan Street.

Songlidan Street has a lot of foot traffic, and the ground floor shops along the alley are always busy. We wanted to make every floor feel like the ground floor, taking advantage of the site's corner location facing Songridan Street. In other words, the idea was to create a road on each floor that connects directly to an alley in a building with two underground floors and six floors above ground.

The entrance along Songridan Street leads to an external staircase that leads to the ground or underground. A sunken garden was placed in the basement to provide an outdoor space. The staircase to the upper floors leads from each floor to a terrace and then indoors. Exterior staircases and terraces wrap around the building's edge and ascend to the upper levels, allowing users to experience different views from floor to floor. It shows that the staircase was intended to extend Songridan Street, not just a place to move around. From the top floor, one can see all of Songpa-gu area. The top floor is finished with a perforated false wall to capture views while maintaining the privacy of neighbouring residences.

The building's form had to be the culmination of what the road had cut through and left behind. To maximise this concept, the exterior cladding is made of exposed concrete, which leaves the framing visible. Instead, to avoid the monotonous impression of a single material, changes were made by using exposed Euroform concrete and selectively exposing pine boards to vary the look. The floor was finished with exposed pea gravel pavement to give the impression that Songridan Street continues into the building.

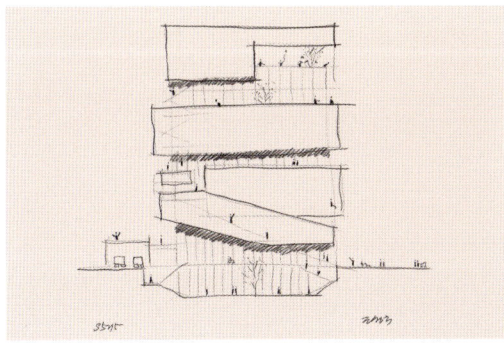

[p.231] The building's form had to be the culmination of what the road had cut through and left behind. To maximise this concept, the exterior cladding is made of exposed concrete, which leaves the framing visible. Instead, to avoid the monotonous impression of a single material, changes were made by using exposed Euroform concrete and selectively exposing pine boards to vary the look.

[p.233] The staircase to the upper floors leads from each floor to a terrace and then indoors. Exterior staircases and terraces wrap around the building's edge and ascend to the upper levels, allowing users to experience different views from floor to floor. It shows that the staircase was intended to extend Songridan Street, not just a place to move around.

[pp.236–237] The entrance along Songridan Street leads to an external staircase that leads to the ground or underground. A sunken garden was placed in the basement to provide an outdoor space. The floor was finished with exposed pea gravel pavement to give the impression that Songridan Street continues into the building.

[p.238] Songlidan Street has a lot of foot traffic, and the ground-floor shops along the alley are always busy. We wanted to make every floor feel like the ground floor, taking advantage of the site's corner location facing Songridan Street. In other words, the idea was to create a road on each floor that connects directly to an alley in a building with two underground floors and six floors above ground.

[p.239] From the top floor, one can see all of Songpa-gu area. The top floor is finished with a perforated false wall to capture views while maintaining the privacy of neighbouring residences.

[p.240] S5215 is located in the middle of New Songridan Street. The site was relatively large, as two multi-family houses had been demolished. However, the main focus was on blending in with the surroundings, considering the existing urban context of New Songridan Street.

[p.241] The area around Seokchonhosu Lake is densely populated with department stores, shopping centres, and various amusement facilities. It also has a thick rear commercial area from Songpadaero Boulevard, which runs north and south of Jamsil Station, to the back alleys.

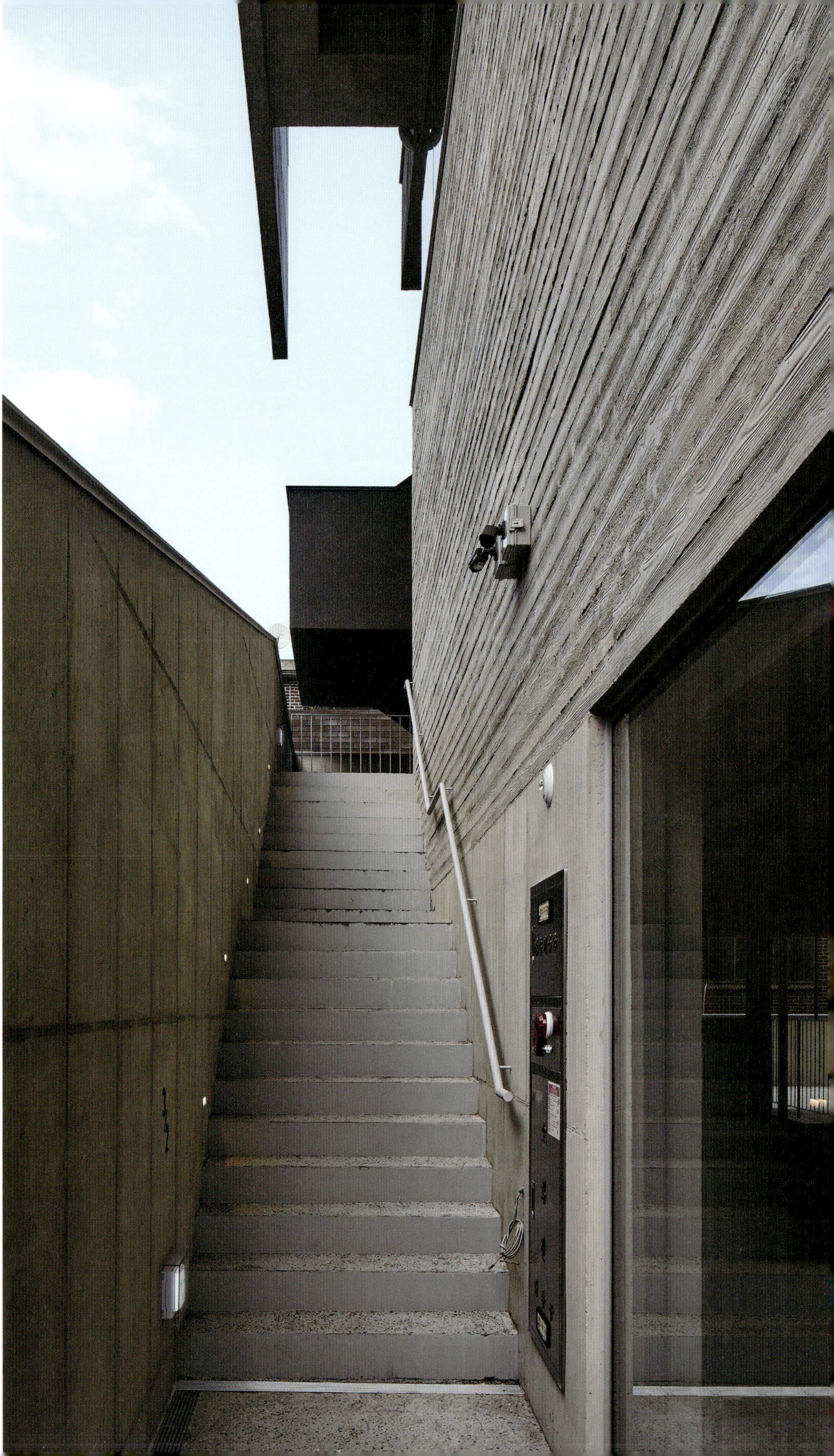

송리단길과 맞닿은 진입부는 지상 또는
지하로 가는 외부 계단과 이어진다. 지하
계단은 싱크 가든과 면해 있다. 바닥 마감은
송리단길이 건물 안으로 이어진 것처럼
느껴지도록 콩자갈 노출 포장으로 했다.

← 송리단길은 유동 인구가 많고 대로변에 접한 1층 매장은 늘 붐빈다. 우리는 송리단길에 접해 코너에 자리한 대지 특성을 활용해 모든 층을 1층처럼 만들고자 했다. 즉, 지하 2층, 지상 6층의 건축물에 골목길과 바로 연결되는 길을 층마다 만들겠다고 생각한 것이다.

↑ 최상층에 도착하면 송파구 일대까지 조망할 수 있나. 최상층은 나공성의 가벽으로 마감해 인근 주거지의 프라이버시를 지키면서 조망을 확보한다.

←
S5215는 신 송리단길의 중간에 위치했다. 2동의 다세대주택을 철거한 대지로, 인근에서는 비교적 큰 규모의 부지였다. 하지만 기존 신 송리단길이 가진 도시 맥락을 고려하여 건물이 튀어 보이지 않고 주변과 어우러지는 데 주안점을 뒀다.

↑
석촌호수 일대는 백화점과 쇼핑센터, 각종 놀이시설이 밀집한 곳으로, 잠실역을 남북으로 가로지르는 송파대로변에서 골목 안쪽까지 배후 상권이 두텁게 발달한 지역이다.

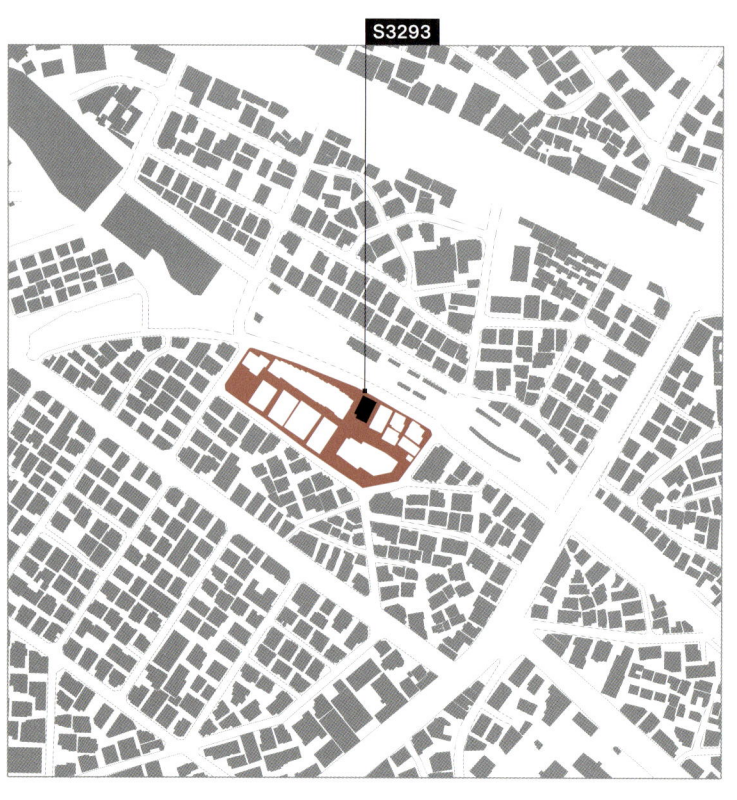

S3293

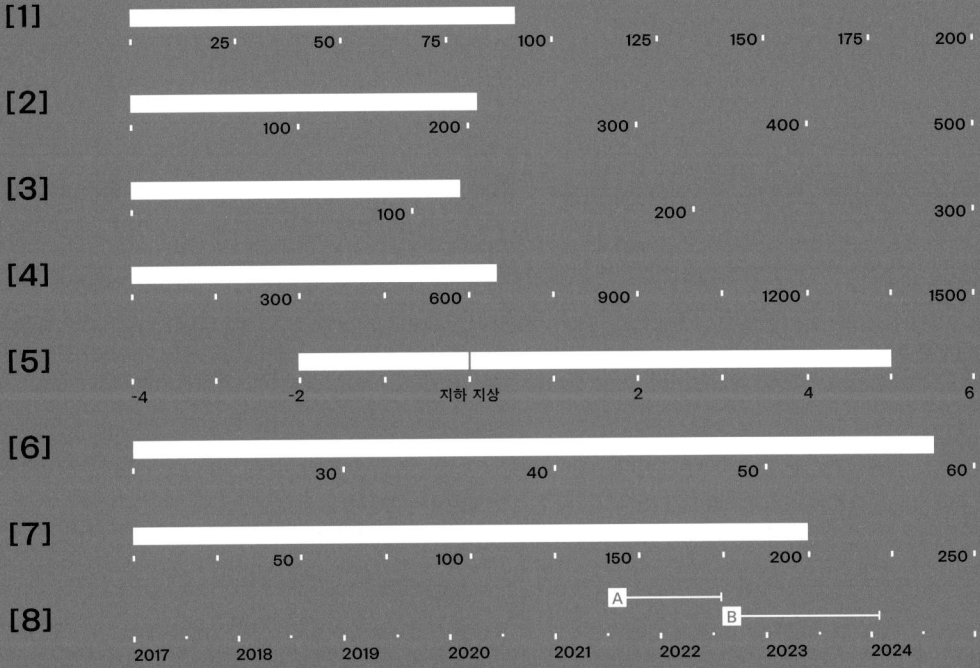

1 대지회복률(%) Land recovery ratio
2 대지면적(㎡) Site area
3 건축면적(㎡) Building area
4 연면적(㎡) Gross floor area
5 층수(지하/지상) Floor
6 건폐율(%) Building to land ratio
7 용적률(%) Floor area ratio
8 설계기간(A) Design period(A)
  시공기간(B) Construction period(B)

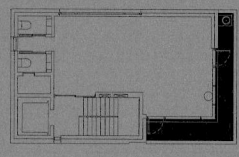
4F

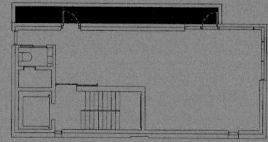
5F

Rooftop

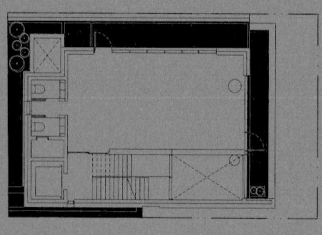
1F

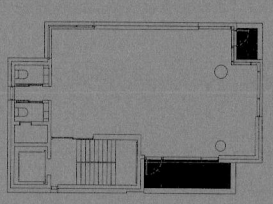
2F

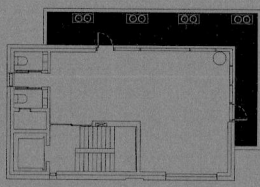
3F

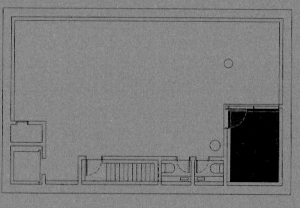
-2F

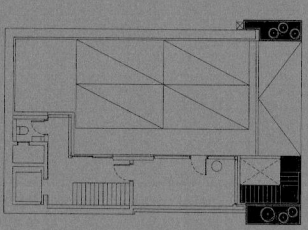
-1F

■ 회복면적

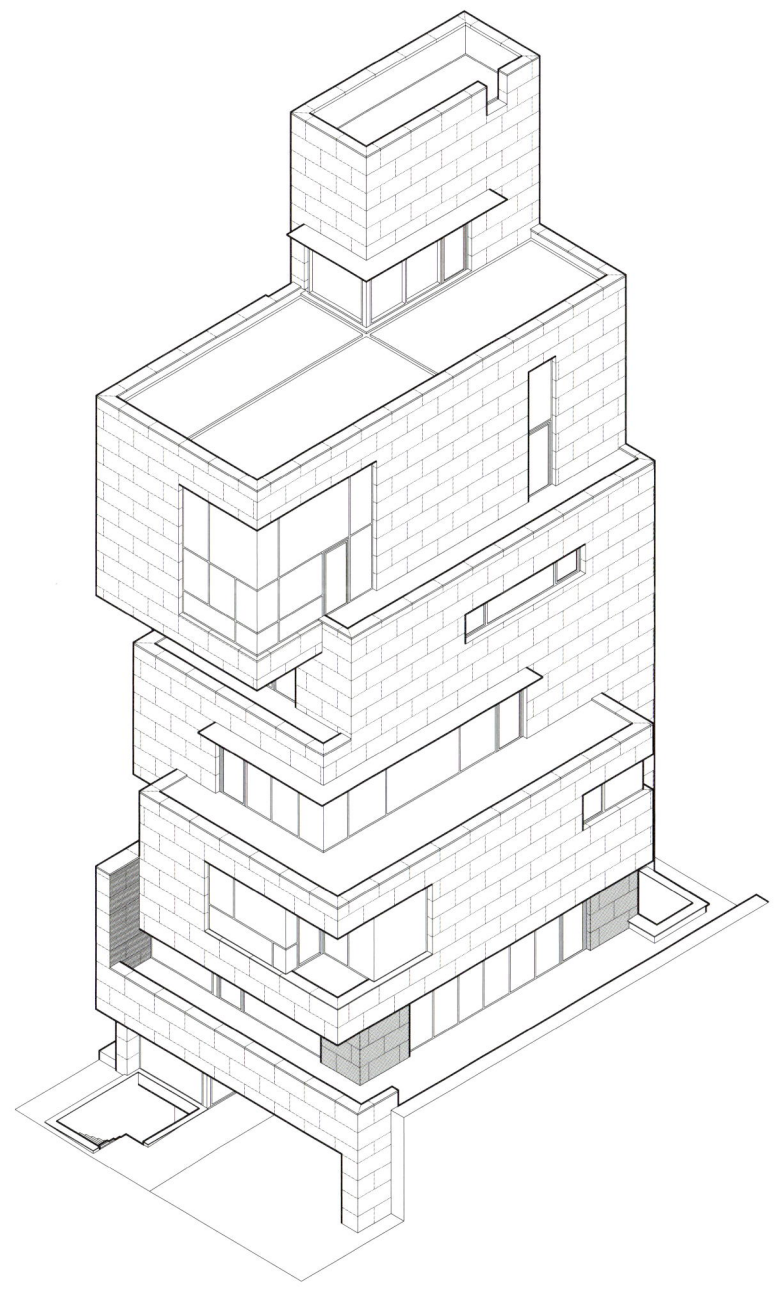

위치	서울특별시 마포구 와우산로35길 29	설계	조성욱
용도	제2종근린생활시설	설계담당	강병훈, 박재연, 김지효
구조	철근콘크리트조	구조설계	SDM구조기술사사무소
외부마감	석재	시공	태연디엔에프건설
내부마감	콘크리트 노출	건축주	개인

대지는 홍대입구역으로 뻗은 경의선 책거리와 바로 맞닿아 있다. 철길은 이제 사람들이 산책하고 휴식하는 공원으로 바뀌었고 인근의 건물들도 새로 입면을 갈아 입었지만, 이 대지는 그렇지 못했다. 처음 이곳을 방문했을 당시에 2층 가옥 위로 슬레이트 지붕이 무질서하게 쌓여 기괴하다 못해 경이로운 모습이었던 게 기억 난다. 우리는 옛 철길이 산책로로 재탄생한 것처럼 이 대지에도 새로운 디자인이 필요하다고 생각했다. 무질서했던 기존 건물의 파사드를 여러 매스로 질서 있게 적층해 새로운 풍경을 이루고자 한 까닭이다.

대지는 산책로보다 높은 곳에 있어 산책로뿐만 아니라 북한산까지 바라볼 수 있었다. 그래서 원경을 조망할 수 있는 동시에 산책로를 걷는 사람들을 자연스럽게 유입할 방안이 필요했다. 또한 주변의 낮은 건물과 어우러지도록 소통하는 태도도 중요했다.

북서쪽으로 인접한 건물의 일조권 때문에 정면(북측)이 올라가려면 남쪽으로 매스를 후퇴해야 했다. 그렇다고 계단식으로 매스를 형성하는 것은 원하는 바가 아니었다. 우리는 층별로 다른 축과 열을 만들어 독립된 매스들이 적층된 형태가 되도록 계획했다. 서로 다른 축과 열을 가진 덩어리를 쌓을 때 자연스럽게 생기는 외부공간을 테라스로 계획하여 내외부를 잇는 완충 공간으로 두었다. 더욱이 이 공간을 산책로가 있는 북쪽 모든 층에 배치한다면 개방감은 더욱 커질 수 있다.

우리는 층별로 다른 축과 열을 만들어 독립된 매스들이 적층된 형태가 되도록 계획했다. 서로 다른 축과 열을 가진 덩어리를 쌓을 때 자연스럽게 생기는 외부공간을 테라스로 계획하여 내외부를 잇는 완충 공간으로 두었다.

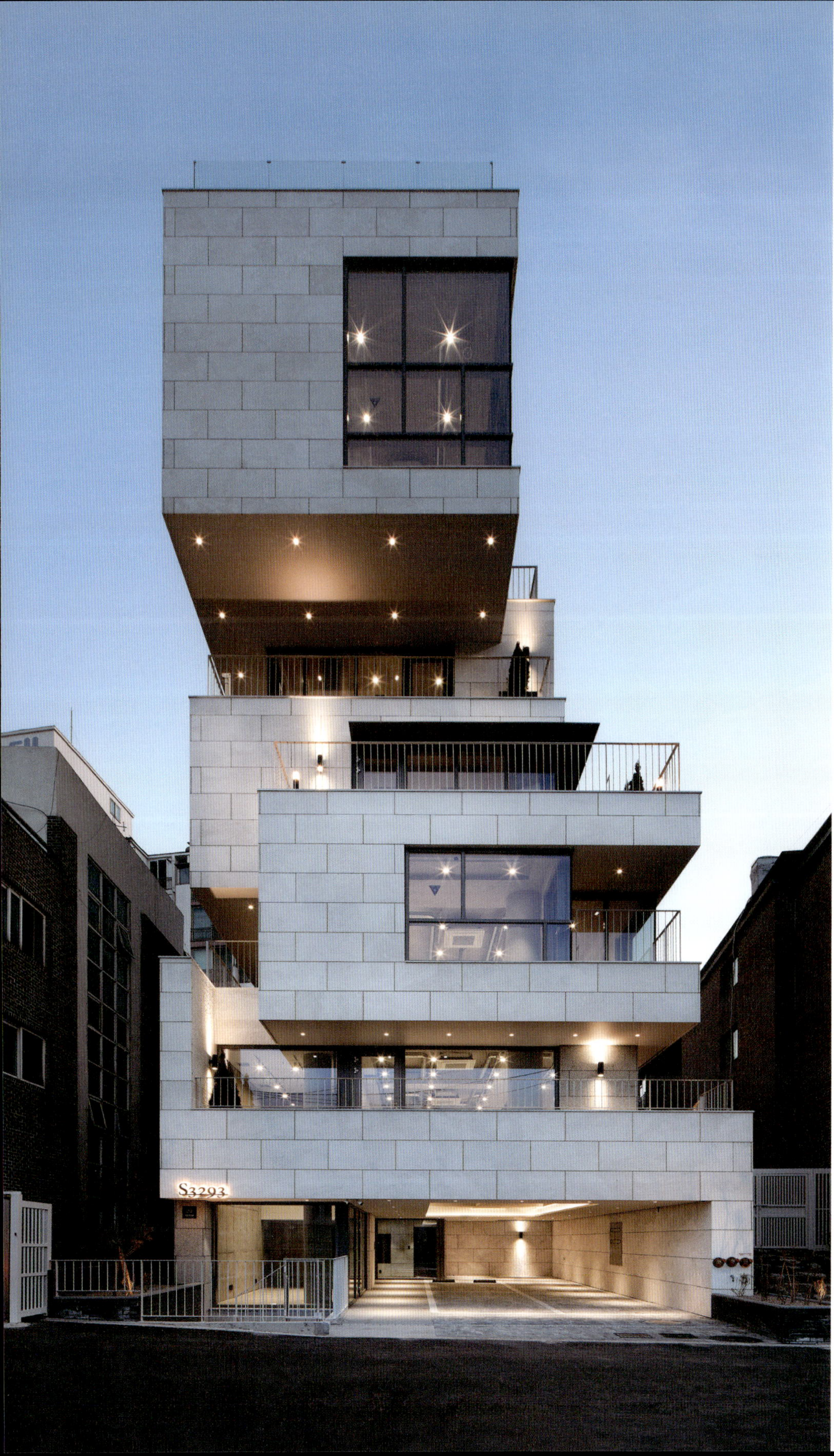
S3293

건물의 정면인 북쪽에는 최대한 창을 냈지만, 나머지 3면은 인접한 주거지를 의식하고 서로의 사생활을 보호하기 위해 최소한으로 창을 냈다. 주변에는 외부를 벽돌로 마감한 건물이 대다수였는데 우리는 차별화를 위해 석재를 골랐다. 석재의 무게감은 층별로 나뉜 매스에 안정감을 주었다. 주차장 진입부와 지상 1층의 일부 안쪽에는 석재 표면에 수평줄을 넣는 라인치슬(line chisel)을 적용하여 지층처럼 연출했다.

도로에서 바로 진입할 수 있는 지하 1층 성큰 가든은 기존 건물의 기억을 담고자 벽돌로 마감했다. 그러면서도 건물 상층부와 대비되도록 어두운 전벽돌을 썼다. 지하층의 층고는 최대한 높여 자연광을 충분히 끌어들이면서 깊이감을 더했다.

2개 층이 오픈된 지하1층 진입부

Location
29, Wausan-ro 35-gil,
Mapo-gu, Seoul, Korea

Program
Office, Commercial

Structure
Reinforced concrete

Exterior finishing
Stone

Interior finishing
Exposed concrete

Architect
Joh Sungwook

Design team
Kang Byunghoon
Park Jaeyeon
Kim Jihyo

Structural engineer
SDM Partners

Construction
Taeyoun D&F

Client
Individual

The site is next to Gyeongui Line Book Street, extending into the Hongik University Station. Over time, the railway line has been transformed into a park for people to walk and relax, and the nearby buildings have been given a new look, but not the site. I remember the first time I visited, I was struck by how bizarre it looked, with the slate roofs stacked chaotically over the two-storey houses. The site needed a new design, just as the old railway was transformed into a promenade. We wanted to create a new landscape by layering the previously chaotic façade of the existing building in an orderly manner.

The land is higher than the trail so one can see the trail and Bukhansan Mountain. Therefore, we needed a way to create a natural flow of people walking along the walk while still providing views. At the same time, it was essential to communicate with the surrounding low buildings to blend in.

Due to the sunlight rights of the adjacent building to the northwest, the mass had to be set back to the south in order for the front (north) elevation to rise. However, cascading mass was not what we wanted. We planned to create different axes and columns for each layer to stack the independent masses. Stacking masses with different axes and columns was a good idea, as was planning the naturally created outdoor space as a terrace to serve as a buffer between the interior and the surrounding outdoor space. Moreover, the space would have been more open if it was placed on all the floors on the north side with a walkway.

The north side, the front of the building, is maximally fenestrated, while the other three sides have as few windows as possible to respect the privacy of the neighbouring residences. Most of the buildings in the neighbourhood had brick exteriors, and we chose stone to differentiate them. The weight of the stone gave the layered mass a sense of stability. At the entrance to the car park and part of the ground floor, a line chisel was applied to the stone surface to create the illusion of the strata.

The ground floor sunken garden, which can be accessed directly from the road, is clad in brick to retain the memory of the original building. However, we used darker brickwork to contrast with the upper floors of the building. The basement level was elevated as high as possible to bring in plenty of natural light and create a sense of depth.

[p.249] We planned to create different axes and columns for each layer to stack the independent masses. Stacking masses with different axes and columns was a good idea, as was planning the naturally created outdoor space as a terrace to serve as a buffer between the interior and the surrounding outdoor space.

[p.251] The entrance to the B1 floor with void

[p.254] At the entrance to the car park and part of the ground floor, a line chisel was applied to the stone surface to create the illusion of the strata.

[p.255] The ground-floor sunken garden, which can be accessed directly from the road, is clad in brick to retain the memory of the original building. However, we used darker brickwork to contrast with the upper floors of the building. The basement level was elevated as high as possible to bring in plenty of natural light and create a sense of depth.

[p.256] The north side, the front of the building, is maximally fenestrated, while the other three sides have as few windows as possible to respect the privacy of the neighbouring residences.

[p.257] The land is higher than the trail so one can see the trail and Bukhansan Mountain.

[←]
주차장 진입부와 지상 1층의 일부 안쪽에는 석재 표면에 수평줄을 넣는 라인치슬(line chisel)을 적용하여 지층처럼 연출했다.

[↑]
도로에서 바로 진입할 수 있는 지하 1층 성큰 가든은 기존 건물의 기억을 담고자 벽돌로 마감했다. 그러면서도 건물 상층부와 대비되도록 어두운 전벽돌을 썼다. 지하층의 층고는 최대한 높여 자연광을 충분히 끌어들이면서 깊이감을 더했다.

← 건물의 정면인 북쪽에는 최대한 창을 냈지만, 나머지 3면은 인접한 주거지를 의식하고 서로의 사생활을 보호하기 위해 최소한으로 창을 냈다

↑ 대지는 산책로보다 높은 곳에 있어 산책로뿐만 아니라 북한산까지 바라볼 수 있었다.

PROJECT LIST

프로젝트 리스트

작품명 Project	연도 Year	위치 Location	대지면적 Site area (m²)	건축면적 Building area (m²)	연면적 Gross floor area (m²)	건폐율 Building to land ratio (%)	용적률 Floor area ratio (%)
S1703	2025	서울특별시 강남구 삼성동 170-3	624.7	309.6	1,701.4	49.6	222.8
J146	2025	서울특별시 서초구 잠원동 14-6	121.8	73	316.4	59.9	198.4
B14551	2025	서울특별시 송파구 방이동 145-51	178.5	107.1	333.6	59.9	186.9
Y637	2025	서울특별시 강남구 역삼동 637-22	344.1	199.2	938.9	56.8	198.6
D921	2025	서울특별시 강남구 대치동 921	642.2	311.6	2,998.4	48.5	270.2
S1613	2025	서울특별시 서초구 서초동 1613-15	248.4	124.1	399.4	50	100
S1148	2025	서울특별시 종로구 신문로2가 1-148	431.1	237.9	857.3	55.4	199.8
C3810	2025	서울특별시 강남구 청담동 38-10	237.4	141.8	734.3	59.7	199.3
D9258	2025	서울특별시 강남구 대치동 925-8	203.5	120.9	402.2	59.8	199.6
S4657	2024	서울특별시 마포구 서교동 465-7	252.9	137.8	671.9	52.2	199.8
N2541	2024	서울특별시 강남구 논현동 254-1	275.6	153.4	830.9	59.6	199.2
S4312	2024	서울특별시 송파구 송파동 43-12	195	113.2	499	58.4	199.9
S14	2024	서울특별시 송파구 석촌동 1-4	585.8	350.9	2,999	59.8	399.7
U8835	2024	경기도 성남시 분당구 운중동 883-5, 6	663	395.3	1,690.7	59.8	176
T264	2024	경기도 평택시 통복동 264	1,092	492.9	2,247	45.1	148.1
N102	2024	서울특별시 강남구 논현동 102-26	372	185.1	1,383.5	49.7	249.7
Y725	2024	서울특별시 강남구 역삼동 725-63	412.6	247.1	1,137	59.8	147.9
S3293	2023	서울특별시 마포구 서교동 329-3	205.6	117.2	650.3	57.5	199.7
S5215	2023	서울특별시 송파구 송파동 52-14, 15	466.2	277.1	1,493.3	59.4	199.5
N266	2023	서울특별시 강남구 논현동 266	390.1	232.8	1,132.8	59.7	149.9
N1317	2023	경기도 수원시 팔달구 남수동 131-7	209.9	157.4	536.5	75	159.4
N122	2022	서울특별시 강남구 논현동 122-12	160.7	78.4	571.2	48.7	211.2
N3315	2022	서울특별시 강남구 논현동 33-15	230.7	114.8	795.3	49.7	249
Y6845	2022	서울특별시 강남구 역삼동 684-5	253.3	151.4	679.3	59.9	198.4
N910	2022	서울특별시 강남구 논현동 9-10	251.3	149.6	670.4	59.1	195.4
N2203	2022	서울특별시 강남구 논현동 220-3	264.7	155.6	714.8	58.8	199.1

- ■ 근린생활시설 Neighbourhood living facilities
- ■ 다가구, 다세대, 상가주택, 창고 등 Multi-family houses, multi-unit houses
- ■ 단독주택 Detached houses
- ■ 단독주택(듀플렉스) Detached houses (duplex)
- ■ 공동주택 Apartment house

작품명 Project	연도 Year	위치 Location	대지면적 Site area (m²)	건축면적 Building area(m²)	연면적 Gross floor area(m²)	건폐율 Building to land ratio(%)	용적률 Floor area ratio(%)
N8311	2022	서울특별시 강남구 논현동 83-11	366.2	219.4	988.3	59.9	149.6
N78	2021	서울특별시 강남구 논현동 78	280.8	158.7	739.2	56.5	199.3
D913	2021	서울특별시 강남구 대치동 913	288.6	170	1,016.6	58.9	315.6
N781	2020	서울특별시 강남구 논현동 78-1	293.3	164	784.1	55.9	199.4
N1021	2018	서울특별시 강남구 논현동 10-21	344.7	196	1,093.5	56.8	199.6
오야밸리A	2020	경기도 성남시 수정구 오야동 299-2	413	222.8	846.5	53.9	109.5
오야밸리B	2020	경기도 성남시 수정구 오야동 299-2	398	196.5	781.6	49.3	103.1
모로	2018	서울특별시 양천구 신정동 937-8	246.1	147.1	485.9	59.8	197.4
호호당	2017	서울특별시 강남구 세곡동 171-8	369	184.1	422.8	49.8	117.4
미사2	2017	경기도 하남시 덕풍동 860-3	304.7	151.2	480.4	49.6	93.3
이스트웍스	2017	경기도 파주시 하지석동 397-2	800	319.4	319.4	39.9	61.8
Delisioso	2016	경기도 고양시 덕양구 신원동 651	305.6	182.2	541.9	59.6	177.2
부막궁	2016	전북특별자치도 군산시 조촌동 743-11	204	118.3	240.4	58	117.8
에리두	2014	제주특별자치도 서귀포시 대포동 2016	1,846	368.3	473.1	19.9	25.6
섬든린	2023	경기도 성남시 분당구 판교동 539-9	231.2	115.3	169.8	49.8	73.47
글렌2	2022	경기도 화성시 청계동 523-26	484.1	205.7	643.8	42.5	56.6
503-3	2022	경기도 성남시 분당구 판교동 503-3	291.7	144	302.9	49.3	68.2
558-1	2022	경기도 성남시 분당구 판교동 558-1	264.1	131.8	327.2	49.9	65.8
로연_증축	2021	경기도 화성시 청계동 523-37	574.2	285.7	1,035	49.7	99.6
571-7	2021	경기도 성남시 분당구 판교동 571-7	230.7	112.9	574.2	48.9	89.7
서패동주택	2020	경기도 파주시 서패동 246-32	450	179.7	308.3	39.9	68.5
로연	2020	경기도 화성시 청계동 523-37	574.2	234.5	750.4	40.8	50.4
오 하우스	2018	경기도 고양시 덕양구 덕은동 165	82	39.3	105.1	48	128.2
안 하우스	2018	경기도 고양시 덕양구 덕은동 165-1	112	61.3	220.4	54.7	123.4
마 하우스	2017	경기도 성남시 분당구 판교동 509-2	231.7	115	295.69	49.6	89.8
민 하우스	2017	경기도 성남시 분당구 판교동 538-7	267.7	132.1	297.2	49.3	80.1

작품명 Project	연도 Year	위치 Location	대지면적 Site area (m²)	건축면적 Building area(m²)	연면적 Gross floor area(m²)	건폐율 Building to land ratio(%)	용적률 Floor area ratio(%)
하얀둘집	2016	경기도 성남시 분당구 운중동 911-14	231.6	114.2	205.5	49.3	88.7
고래바위	2015	강원특별자치도 양양군 현남면 동산리 90-5	315	157.7	241.4	50	76.6
하정가	2015	서울특별시 마포구 대흥동 332-18	99	38.9	103.4	39.3	104.4
유월	2022	경기도 성남시 운중동 908-11	244.6	121.8	338	49.8	85.5
오운	2020	경기도 성남시 분당구 판교동 554-2	264	130.3	379.9	49.3	83.9
빛담	2019	경기도 성남시 판교동 571-10	231.1	115.2	362.3	49.8	96.9
재재	2018	경기도 성남시 분당구 판교동 509-6	230.6	114.2	309.5	49.5	84.6
온도	2018	경기도 성남시 분당구 판교동 485-2	230.9	115.4	254.3	49.9	87
Early Spring	2017	경기도 하남시 덕풍동 900	250	120.8	412.9	48.3	96.8
고래등	2016	경기도 성남시 분당구 운중동 1040-2	241.9	120.8	343	49.9	90.8
파이림	2016	경기도 성남시 분당구 판교동 543	278.5	138	232.2	66.1	83.3
반석헌	2015	경기도 성남시 분당구 판교동 539	242	120.4	207.4	49.7	85.7
FLOAT	2015	경기도 성남시 분당구 판교동 645-8	237.9	116.5	322.6	48.9	88.6
사이집	2014	경기도 성남시 분당구 판교동 555-1	263.9	128.4	312.8	48.6	84.2
임소재	2014	경기도 성남시 분당구 운중동 911-11	231.5	112.4	305.0	48.5	83.3
무이동	2012	경기도 성남시 분당구 판교동 543-3	232	115.3	297.3	49.7	89.1
LAFIANO 양주옥정	2024	경기도 양주시 옥정동 891-1	12,893.3	5,124	20,790.1	39.7	98.1
LAFIANO 아산배방	2023	충청남도 아산시 배방읍 장재리 1195	15,853	6,238.5	11,819.1	39.3	54.7
죽전 테라스&139	2023	경기도 용인시 기흥구 보정동 29-7 일원	24,963.4	7,451.2	33,257.8	29.8	71.8
LAFIANO 의왕	2022	경기도 의왕시 삼동 621	7,508	3,572.3	5,631.2	47.5	64.4
LAFIANO 고양삼송	2021	경기도 고양시 덕양구 오금동 618 일원	42,822.9	16,421.5	29,481.7	38.3	66.5
LAFIANO 파주운정	2020	경기도 파주시 목동동 1082	8,147.7	2,699.8	3,925.3	33.1	48.1
LAFIANO 김포 II	2020	경기도 김포시 운양동 1282-1 일원	17,148.1	7,553.2	10,502.4	44	61.2
LAFIANO 김포 I	2019	경기도 김포시 운양동 1341-41 일원	24,971.1	12,024.1	20,954.8	48.1	70.1

■ 근린생활시설 Neighbourhood living facilities
■ 다가구, 다세대, 상가주택, 창고 등 Multi-family houses, multi-unit houses
■ 단독주택 Detached houses
■ 단독주택(듀플렉스) Detached houses (duplex)
■ 공동주택 Apartment house

AWARDS

수상내역

[1] S5215   2024 한국건축가협회상, 송파구 건축상 최우수상
[2] N122   2023 강남구 아름다운 건축물 우수상
[3] N3315   2022 강남구 아름다운 건축물 최우수상
[4] N1021   2021 강남구 아름다운 건축상 최우수상
[5] N78   2021 한국건축문화대상 우수상
[6] 서패동주택   2021 경기도 건축문화상 특별상
[7] LAFIANO 김포 1   2020 한국건축문화대상 본상
[8] 온도   2020 한국건축문화대상 우수상
[9] N781   2020 서울특별시 건축상 우수상
[10] 재재   2020 경기도 건축문화상 동상
[11] 하얀돌집   2017 경기도 건축문화상 특별상
[12] 반석헌   2016 경기도 건축문화상 입선
[13] 사이집   2015 경기도 건축문화상 동상
[14] 에리두   2015 대한민국 신진건축사대상 우수상
[15] 무이동   2013 경기도 건축문화상 특선

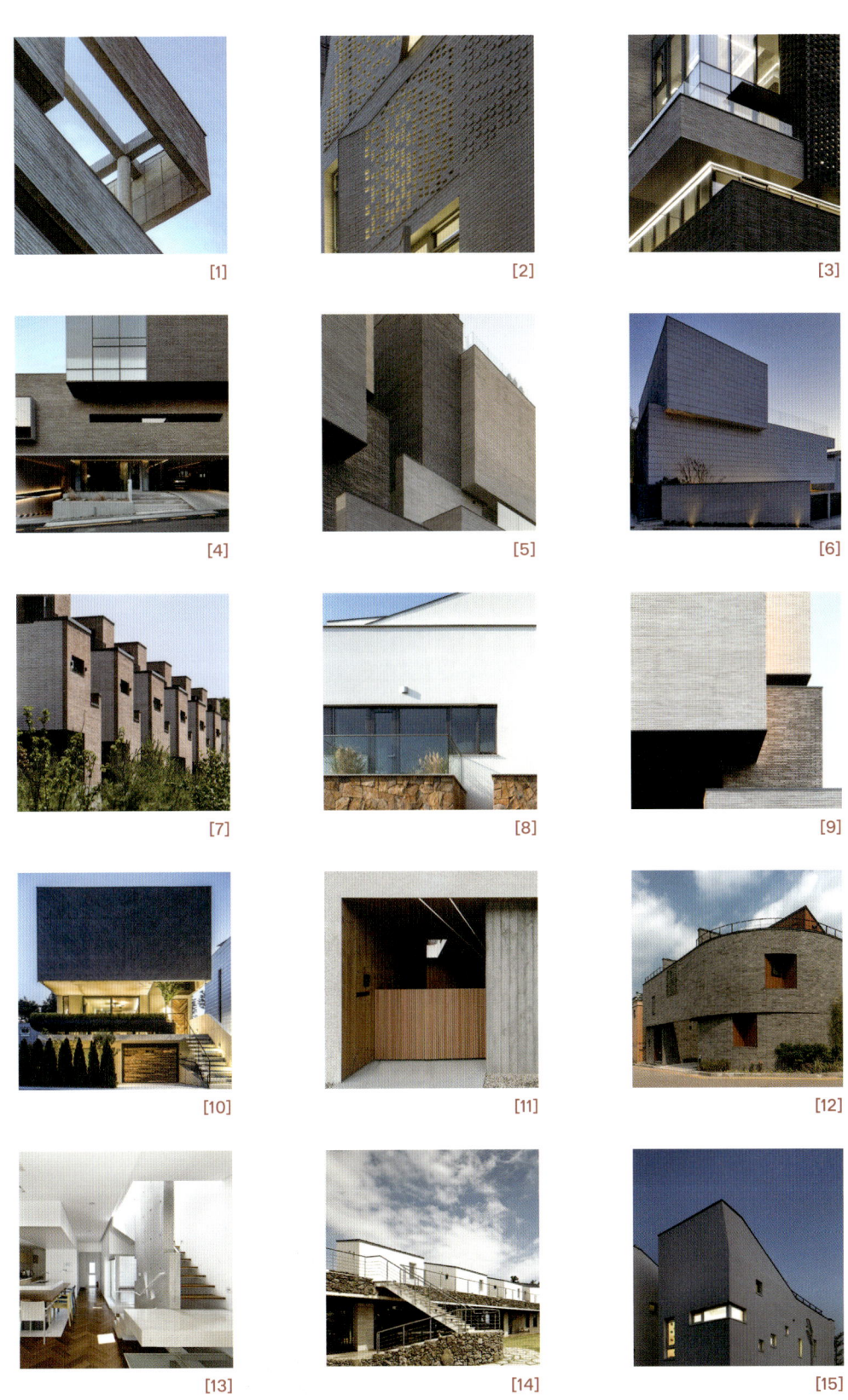

AWARDS

도시의 틈, 공간의 회복 조성욱건축 아카이브	THE GAPS OF THE CITY, THE RESTORATION OF SPACE JOHSUNGWOOK ARCHITECTS ARCHIVE
초판 인쇄.　2024년 12월 20일 초판 발행.　2025년 1월 10일	FIRST EDITION.　Printing　December 20, 2024 　　　　　　　　Publication　January 10, 2025
지은이.　조성욱건축사사무소 기획·편집.　박성진, 장다혜 디자인.　박고은(머큐리얼) 국문 교열·교정.　윤솔희 영문 번역.　이기은	AUTHOR.　JOHSUNGWOOK ARCHITECTS PLANNING & EDITING.　Park Sungjin, Jang Dahye DESIGN.　Park Goeun (Mercurial) KOREAN PROOFREADING.　Yoon Solhee ENGLISH TRANSLATION.　Rhee Kieun
사진. 김용관 N1021, N3315, N910, N8311, N266, Y725, S5215, S3293 박영채 N781, N78, N2203 김재윤 N122	PHOTOGRAPH. Kim Yongkwan N1021, N3315, N910, N8311, N266, Y725, S5215, S3293 Park Youngchae N781, N78, N2203 Kim Jaeyoon N122
발행처.　사이트앤페이지 발행인.　박성진 출판등록.　2018년 3월 28일 제2019-000007호 주소.　경기도 양주시 장흥면 유원지로94번길 62 이메일.　siteandpage@naver.com 전화.　02-6396-4901 홈페이지.　www.siteandpage.com ISBN　979-11-976350-9-0 (93540)	PUBLISHER.　Site & Page 62, Yuwonji-ro 94beon-gil, Jangheung-myeon, Yangju-si, Gyeonggi-do, Korea PUBLICATION REGISTRATION. March 28, 2018 No. 2019-000007 E-MAIL.　siteandpage@naver.com TELEPHONE.　+82-2-6396-4901 HOMEPAGE.　www.siteandpage.com ISBN　979-11-976350-9-0 (93540)

이 책의 판권은 지은이와 사이트앤페이지에 있습니다. 이 책 내용의 전부 또는 일부를 재사용하려면
반드시 양측의 서면 동의를 받아야 합니다. 잘못된 책은 구입하신 서점에서 교환해드립니다.
No part of this book may be reproduced in any means, by any electronic or mechanical
without the prior written permission of the copyright holders.